25 個身心障礙父母的育兒故事

無障礙父母

WE'VE GOT THIS

STORIES BY DISABLED PARENTS

Eliza Hull

伊麗莎・赫爾——著 吳芠——譯

目次

推薦序
Foreword

潔米拉・里茲維｜澳洲女權運動倡議者、前工黨顧問、媒體人

我花了四年多學習如何用新的身體活在這個世界上。我在那段時間撐過兩次腦部手術、三十六天的放射治療、命在旦夕的四次住院，但這些只是標題而已。真正的人生藏在那些粗體大字之間，比較微小無聲，但並不比較簡單。

我的新身體和過去不同。這副身體的表現總是與朋友對我的期待、工作施加的壓力相違。我的身體不隨波逐流。

社會的結構與服務都不是為這身體打造的。我在溽熱天氣困在墨爾本市區裡暗想為什麼大眾運輸工具裡沒有床鋪的次數，手指頭加腳趾頭都不夠數。有時候光是坐在配色俗艷的電車座椅上都令人受不了。有時候我就是需要躺下。

我六歲的兒子明白媽媽的身體很複雜。他知道我把緊急注射用的皮質醇放在哪裡、怎麼打電話給爸爸求救和叫救護車。幸好這些很少派上用場。常派上用場的是他的慈悲心和靈活度，這些特質在還沒學到乘法表的孩子身上比較少見。他還只是個早上常因為變形金剛、一條橡皮筋或自

己的指甲而忘了換衣服的孩子。

我兒子在媽媽生病時，證明了他已不是小小孩。長手長腳的他會爬到我床上，輕拍我的腿。他用情感豐富的眼神確認我會不會太冷或太熱，需不需要喝水。他握著我的手，輕撫我的頭髮。「媽媽，妳要我陪妳嗎？還是想一個人？」

陪我。答案永遠是陪我。

我咬緊牙關度過刺骨疼痛。我深呼吸直到噁心想吐的感覺緩解。我在心中默念最愛的歌詞來轉移對頭痛的注意力。我提醒自己，這次也會過去，這是活著看自己孩子長大的小小代價。

偶爾，我無法控制自己的挫折感，但孩子很快就原諒了我。儘管我盡最大的努力不在他面前批評我的身體，有時還是辦不到。在那些絕望的時刻，我痛罵自己怎麼失去了曾經擁有的功能、能力、美麗與靈活。但我兒子跳出來保護這副承載了我靈魂的容器，一如他保護裡面的靈魂。「媽咪，別這樣說妳的身體。妳的身體很美。」

我是照顧者也是被照顧者。目前我還不知道該用什麼詞語形容這個組合。

但終於，出現了這本故事集，它正適合我。

潔米拉．里茲維很年輕便成為澳洲政壇新星，後轉入媒體產業。二〇一七年因罹患罕見腦瘤，手術後腦下垂體失去功能而導致一連串外表上看不出來的身體障礙，公開分享自身經驗並參與倡議活動。

序言
Introduction

伊麗莎・赫爾

當一名身心障礙父母是種反叛的行動。身心障礙人士應該和其他人一樣擁有為人父母的權利，但當我們決定開始建立家庭時，卻面臨評價與歧視。我們受到質疑而非支持。我們必須反抗特別為難身心障礙者的醫療體系。我們必須面對，就連到了二十一世紀，社會中的育兒樣板依然如此以健全者為中心。儘管如此，我們還是選擇成為父母。而且我們還很在行。

我在六年前成為母親。我一直有股與生俱來的動力想擁有家庭。小時候，我在日記裡寫到未來我要有小孩。我的雙親一直希望我有小孩。當我告訴他們我渴望當母親，他們從不潑我冷水；他們覺得很興奮，支持我在未來建立自己的家庭。

我是身障人士，我患有夏柯—馬利—杜斯氏病這種神經病變疾病，會影響我走路。我常跌倒，全身各處流失肌肉、喪失感覺。循環不良使我在炎炎夏日雙腿冰冷，我也承受長期疲倦與疼痛。

我第一次認真考慮生小孩時告訴了我的神經科醫師。我臉上掛著超大的笑容——當時我墜入愛河，興高采烈地想著生小孩的可能性。我永遠忘不了他回應我時嚴厲無情的樣子，他藏不住自己的反對。他在我等待時沉默地在電腦上打著病歷。過了像幾小時那麼久，他抬起頭，調整一下眼鏡，開始丟出一堆問句。「妳想過自己的選項嗎？作為夏柯—馬利—杜斯氏病的患者，妳有百分之五十的機率遺傳給小孩。妳去了解過遺傳諮詢嗎？或許我們可以再驗一次血？妳覺得妳應付得來嗎？」

我感覺粉身碎骨。羞恥感使我腦中一片空白。我們從小被教育要信任醫療專業人員，所以他的話很傷人。我對歧視習以為常——曾有人當街攔住我，為我禱告；有人直盯著我嘲笑。但此刻的傷害遠比那些行為更險惡：這是個權威人物、一個我該信任的人，建議我最好不要生小孩，以免小孩像我一樣。這件事深深影響了我。我的胸口現在仍能感受到那天的痛楚，每當陷入自我懷疑，那感覺就會再度襲來。

二〇一四年六月，我們發現我懷孕了。我感覺腎上腺素飆升，情緒如雲霄飛車：恐懼、不確定感、興奮。神經科醫師的問題迴盪在耳邊：我要怎麼才應付得來？我也在心中和其他問題纏鬥。懷孕對我的身體來說負擔太大嗎？別人會批評我嗎？我應付得了嗎？如果我抱著孩子跌倒了怎麼辦？我的腦中不時捲起焦慮的旋風。

我花了數小時在書店裡尋找關於身心障礙者育兒的書籍。我希望找到一些像我這樣的人，想讀到我能感同身受的故事，知道這做得到。我需要消除不安，需要找到一位書頁上的朋友告訴我：「對，妳辦得到。」但我什麼都沒找到。在所有育兒書籍中，沒有像我這樣的母親。我感到極度孤單。

身心障礙的父母都去哪了？為什麼我想不起任何一部電影或電視節目裡有身心障礙父母？在澳洲，超過百分之十五的家戶中有至少一位身心障礙父母，但我們卻彷彿不存在。

我知道多元族群的代表性很重要——所以分享身心障礙父母的故事、幫助其他身心障礙者知道他們並不孤單、讓大家知道這是做得到的，變成了我的使命。我搜尋世界各地的身心障礙父母，漸漸感覺不再那麼孤立。這變成一種執念，我集結了一群能聯繫支援的人，開始感覺像是某種社群，讓我們互相連結。我們的共同點在於，我們在決定為人父母的過程中都感覺孤單，且在社會上不被看見。

我因而在澳洲廣播公司開了名為《我們辦得到》[1]的節目。我為這個節目走訪澳洲各地，分享身心障礙父母的觀點。我一次又一次見證了有身心障礙父母的家庭，和其他家庭並無二致。在社會上，他們當然得設法克服物理性或態度上的障礙，但回到家裡，我採訪到的這些家庭每個都生氣勃勃。

重點是，當你有身心障礙，你總是必須不斷地調整應變。我每天都必須想出創新獨特的方法跨越阻礙，才能在世界上自由活動。育兒也需要這種創新。你必須調適、解決問題、了解你的孩

1 編註：即本書的原文書名直譯。

子並保持靈活。

所有新手父母都知道第一天帶寶寶回家時心想「老天，我現在到底怎麼辦」的感覺。身心障礙父母更多一層壓力。我們常覺得被批評和誤解，好像全世界都看著我們，等我們犯錯。但因為我們在日常生活中已是問題解決大師，我們有十足的能力掌握育兒的藝術。

在本書中，你將遇見擁有各種自我認同的父母。有些父母自我認同為聽障人士／聾人、身心障礙者、神經多樣性[2]人士或慢性病人。有些人傾向自稱「身心障礙者」，其他人傾向認為自己「是一般人，只不過有身心障礙」。我不是隨便決定用「身心障礙父母的育兒故事」作為本書的副標題。到頭來，我選擇將我們集體的身心障礙認同擺在最優先的位置——我希望展現出驕傲，減少我們持續面對的污名。

我個人同時認同自己為「身心障礙母親」，也是「普通母親，只不過有身心障礙」。我常交替使用這兩種形容。最近我使用「身心障礙母親」的頻率大為提高，才明白如果我對於這個詞還會感到任何一絲不適，都是因為我內化了健全主義，來自我持續被灌輸「身心障礙是種缺陷」的訊息。

在這個節目中分享故事的父母都富有巧思、有創意而善於應變；他們必須持續跨越社會中物理性、態度上、社交上的阻礙。他們面臨歧視，而且他們為人父母的選擇與能力遭到質疑。智能障礙父母的情形尤其如此。然而，這些父母讓我們看到的是，**育兒並非黑白分明。我們不該全分**

毫不差地追求某個樣板。身為身心障礙者，我們在育兒時必須放棄「標準」或「正確」的做事方式，取而代之的是創造力與彈性——而孩子都非常能夠適應。這些故事讓我們看到傳統的育兒「樣板」有多麼僵固，任何父母都會欣羨這些父母所展現出來的內在力量，並能從中學習。

盲人父母怎麼推嬰兒車或量測熱水和奶粉的正確比例？聾人父母在夜裡怎麼知道孩子在哭？坐輪椅的母親要怎麼將寶寶抱進或抱出嬰兒床，或抱出車外？關鍵終究總在跳脫框架思考。

在育兒的旅程上，我一路學到了各種調適與創新的方法。我現在有兩個孩子——六歲的女兒伊索貝爾和一歲的兒子阿奇，生活充滿無眠夜晚、親餵母乳、推嬰兒車，以及在女兒學識字時教她讀音。

寧靜的夜裡，我一手抱著一歲兒子，一手沿著嬰兒床的欄杆一根根抓著前進到哺乳椅。我讓他依偎在我懷裡，同時緊抓住嬰兒床。每一刻都經過計算。當我移動搖晃不穩的雙腿前進時，我的感官全部打開。我的哺乳椅上堆了五顆枕頭，才能抱著熟睡的阿奇站起來。

我餵完阿奇，慢慢朝嬰兒床移動，心中想著不知道被我抱在懷裡是什麼感覺。我帶著微笑想著，或許我移動的方式、我走路時前前後後的搖晃，也是安撫他入睡的元素。

第二次懷孕並不比第一次容易。醫療專業人員和整個社會不斷告訴身心障礙者你該被矯正或

2 神經多樣性（Neurodiverse），是將大腦差異視為正常現象而非缺陷的一種觀點，涵蓋自閉症、注意力不足過動症、讀寫障礙、選擇性緘默症、妥瑞症、書寫障礙等多種樣態。

「治癒」，形成一種信念——我的身體虛弱、易碎又不完整。我整個孕程都籠罩在恐懼中，害怕會失去孩子、怕我的身體不夠穩固，無法承載一個嬰兒。因為我的身障，我也常常跌倒，所以壓力又更大了。我兩次懷孕期間都常去產房確認寶寶的心率——有時在跌倒之後，有時只因為我很焦慮。

阿奇現在是個活潑的學步兒。他和姊姊很不一樣。他像鞭炮一樣充滿活力與魅力。他十八個月時，我已發現帶他出門很困難，雖然那時他才剛開始學走。如果要帶他去公園，我會和朋友或我的伴侶一起去，仰賴他們在必要時去追他，不然我會放他在公婆送我們的手推三輪車上推著走，不讓他自己下來。幸好他喜歡坐三輪車，而且推三輪車恰好讓我走得比較穩，像推著助行器一樣。

我懷阿奇時，有一次產檢挺著大大的孕肚，才剛搖擺進入診間，產科醫師就說：「我希望妳別再這樣對自己了，沒有下次了。」怎麼會有人說出這麼不得體的話？我該回點什麼，但我太震驚了，於是我忍下來假裝沒事。我其實想說：你怎能因為我是身障者就擅自臆斷我對身體做的選擇。神經科醫師那次質疑我的感覺再度襲來。羞恥感湧上心頭，劇烈痛苦使我的心萬般沉重。

同樣的事情又發生在超音波檢查的時候。超音波技師問我，我的身障有沒有可能遺傳。我說：「有，百分之五十的機率。」她的嘴巴張得像魚一樣大，說：「好吧，我們來看看能不能找到什麼不對勁。」我倒吸一口氣。那一刻，我心想：「我沒有什麼不對勁！」——但我說不出口。

我必須老實說：小孩有百分之五十的機率得到我的遺傳性疾病，這不是容易應對的事。我驕傲自己是身心障礙者，但我還是擔心我的孩子。我知道他們將來到怎樣的世界；如果他們得到我的疾病，他們將面臨歧視、阻礙、身體疼痛，還有其他社會上的挑戰。我面對這些並不容易。別人得知我的情況時，可能批評我怎麼可以選擇成為母親，但還有誰比我這樣和這種障礙共處數十年的人更有資格做這個決定？我以自己為傲，絲毫不想改變自己；我希望能灌注同樣的驕傲給孩子。我希望他們知道，不管他們是誰都沒關係。

重點在於，讓我行動不便的不是我的障礙，是這個社會。當母親讓我確認了這一點。我剛開始帶小孩出門，就發現路人盯著我的時間更長了。他們開始問更多唐突的問題：「妳怎麼了？妳有什麼毛病？」

因為阿奇還很小，我抱他下車時必須斜倚著車身穩定雙腿。我在慢慢將他移出車外時採取蹲姿，用身體的重量抵住車子──每個動作都極盡小心專注。但我這麼做時總遭受異樣眼光。就在前幾天，我推著阿奇爬上緩坡，一個男人扯破喉嚨大喊：「妳還好嗎？妳遇到麻煩了嗎？」我很錯愕。當然，他可能只是在想我是不是爬不上去。或許他只是體貼，渾然不知他的話對別人來說可能是種冒犯。或者他可能真心想幫忙？但這種打擾從來不容易應對。我和其他身心障礙者一樣，需要就會求助；當我只是在過我的生活，這感覺就像隱私受到侵犯。

女兒十八個月大時，有一次在街上跌倒，我沒辦法抱她起來，因為那樣我也會失去平衡摔倒。

大家盯著我們，疑惑我為什麼不抱她起來安撫。一位女士說：「老天，妳就不能抱她起來嗎？」這種批評很傷人。我從來無法習以為常，但隨著我對身心障礙愈來愈感到認同，我也愈來愈不受影響。

生養小孩促使我擁抱身為身心障礙者的自豪感。我第一次懷孕時，還在對付內化的健全主義。我甚至不確定，我在那之前有沒有用「身心障礙」描述過自己。有了小孩使我得以擁抱真實的自我。如果我不對我是誰感到驕傲，會給孩子什麼榜樣？我知道如果我希望對他們是誰感到驕傲，我必須對自己是誰感到驕傲。

現在，伊索貝爾已經可以明白我的限制。她是個對身心障礙無所不知的美麗小孩。她在家裡會把地上的玩具移開，讓出一條路好讓我不會摔倒。我很喜歡過馬路時將她的小手牽在手中的感覺；她經常牽得特別緊，以防我跌倒。有時候她會在汽車一停紅燈時就拉著我過馬路，我們才來得及。她第一次注意到我的身障時說：「媽媽，妳為什麼老是像企鵝一樣走路？」多麼天真無邪。我們每次談起來都笑個不停。

一天，我們正排隊進去幼兒園，她的一個同學問：「妳走路為什麼這樣？」他的母親先是示意他閉嘴，然後她看向我，回頭對她小孩說：「她出過意外。」她知道那不是事實，她知道我是身障者，而且不是因為意外，但顯然對她來說解釋這些太困難，她不敢碰「身心障礙」一詞。我們離開他們走進幼兒園教室時，女兒抬頭會心一笑說：「媽媽，妳是身心障礙者。」

知道我的小孩擁有這種自豪感讓我萬分欣喜。他們是多元家庭的一分子，在這個家中，身心障礙被讚頌與接受——而非令人恐懼。現在，女兒被問到時總驕傲地說：「我媽媽是身心障礙者。」這是身為身障家長的眾多好處之一：看到我們的孩子身上長出惻隱與仁慈之心，並對各種差異保持開放。這終將為所有人打造一個更為包容的社會——畢竟，我們的孩子就是未來。

身心障礙父母（尤其是智能障礙父母）面臨最大的障礙之一是缺乏支持。我們常常期待家長獨立自主，毋須支持或教育就能自行育兒。在澳洲，百分之六十智能障礙父母的小孩會被國家帶走。這主要是因為這些家長沒有機會學習或得到恰當的支持，好讓孩子繼續受到自己的照顧。人們常認為有智能障礙的父母無法勝任且不夠成熟，並將他們的孩子描繪成受害者。但如果智能障礙父母得到所需的支持，他們能成為了不起的父母。他們被迫與孩子分離引發的哀傷，對他們和孩子的健康與福祉都造成很大的影響。我希望未來我們可以提供更多應有的支持給智能障礙父母，讓他們的孩子在父母照顧下成長。這個支持系統必須安全而不帶偏見，不會故意害這些父母犯錯。

身心障礙者親職路上的另一個阻礙是非自願、非治療性質的絕育，而澳洲自一八〇〇年代起持續執行此措施。強制或被迫絕育（常假借當事人的「最佳利益」為出發點）在澳洲仍是現在進行式，真令人難以置信。

身心障礙者，特別是女性，對生育的選擇權仍持續被奪走。儘管其他國家已禁止強迫身心障礙者絕育，這在澳洲仍然合法。遭絕育的確切人數不明，但可能在增加中。

二〇一二年，澳洲人權委員會的一份報告指出，儘管「身心障礙兒童或成人在可能進行非自願絕育前須經過澳洲家事法院或州／領地監護裁判庭的授權（除了生命或健康遭受嚴重威脅的緊急情況）」，相關的法律規範與準則「無法保護身心障礙的成年或未成年女性不被迫或在非自願下進行絕育。」

身心障礙者為人父母的權利不該遭到剝奪。然而，人們至今普遍對身心障礙者可以或不能做什麼懷有根深柢固的假定，他們因此失去對身體的選擇權與成為父母的決定權。

儘管阻礙重重，依然有許多身心障礙者成功為人父母。本書分享了一些他們的故事。每段經驗都是獨一無二的，有些還與其他身分認同交織：本書中的父母包括酷兒、非二元性別者、澳洲原住民，或擁有多元文化或語言背景的人。有些人寫下自己的故事，有些人的故事由我透過採訪撰寫出來。雖然書中描繪的經驗極為多元，仍共享了一些共通主題——每位父母都坦率地分享了自己身為身心障礙者在育兒過程中面對的挑戰，以及——沒錯，他們所收穫的喜樂。

我希望透過分享這些故事來對抗圍繞著身心障礙父母的迷思與誤解。

當然，當個身心障礙父母並不容易。我有時候希望自己體力更好、不用忍受疼痛——當我繞著街區推嬰兒車，感覺骨頭快要支離破碎，全身痛如刀割的時候。但接著，我望進嬰兒車，看見一張微笑的臉龐，於是一切都值得了。有些時候我感到痛苦：當我的伴侶追著孩子跑來跑去，用我永遠辦不到的方式抱起或扛起他們。或者，當我看到其他母親用包巾或背帶把寶寶縛在身上，而我永遠不可能這麼做，我也感覺胸口一陣刺痛。但我知道自己是個了不起的母親。我和女兒一起畫畫、一起閱讀。我坐在地上和精力充沛的兒子一起把球滾上滾下。最重要的是，我教導他們多元包容的世界是多麼的重要。我的情況不是「雖然我是身心障礙者，我依然能育兒」，我是以驕傲的身心障礙者身分育兒。身心障礙不是缺陷；在我們創造出的豐富多彩的人生中，差異受到讚頌與擁抱。

身心障礙者不是照著教科書育兒，用的是愛、連結、驕傲、創新與應變。我們很反叛，但不是那種英勇的反叛，是離經叛道的那種。一旦我們決定為人父母，我們馬上面臨無數社會阻礙。我希望你讀完本書會同意我的看法，認同這是不合理的。我也希望這個世界更加包容，能接納並視身心障礙父母為正常的存在——讓當個身心障礙父母不再是種反叛的行動，只是另一種育兒的形式。

我希望所有讀者——無論是不是身心障礙者、有沒有小孩——都能透過閱讀這些關於韌性與反叛、勇氣與創造力的故事，從中得到賦能。

如果有任何身心障礙者即將投入那未知、刺激、恐怖又令人心花怒放的育兒世界，我希望你知道有個社群可以支持你——你不是一個人。我希望這本書將幫助你明白——就像所有在這裡分享故事的父母一樣——你辦得到！

米其林・李
Micheline Lee

你現在八歲，從你有記憶以來，我們就不斷告訴你我們如何成為你父母的故事。事實上，我從你還是嬰兒、甚至在你懂事或會說話前就開始對你說這個故事，因為我絕不希望你意外發現或從旁人得知自己是領養來的。我希望你感覺這個故事自在熟悉，是你一直都知道的事情。倒不是我能瞞得住你——因為你有一雙湛藍大眼和白皙皮膚，而我生得一張馬來西亞圓臉。你學會說話之後，會要求我們一次又一次講公主與龍、澳洲原住民神話、中國皇帝、巨大屁股和超響臭屁的故事。也有些時候，你會說，我要聽妳第一次見到我的故事。

我會從上班時接到負責單位女士的來電說起。她說，你們被選中了，那個寶寶現在四個半月！我不敢相信我的耳朵。她說我們當天就可以在你的寄養母親派特那裡見到你，並給了我地址。你就在我們附近的購物中心對面，我們去買東西時總是經過你所在的房子。我彷彿在作夢。想到我可能已經見過你，和坐在嬰兒車上的你擦身而過，想著「好可愛的寶寶」，那時還不知道你是誰，不知道你將屬於我們。我掛上電話時喜極而泣。不久，半數的同事都擠到我的辦公室又笑又跳，互相擁抱。

我和你爸抵達派特家時看到的畫面是：你躺在搖籃裡，全身圓滾滾，昏暗的光線下，白皙的肌膚略帶一抹藍色。屋裡的百葉窗關著，將達爾文城區的高溫擋在門外。你一聲不響，但完全清醒，平靜地在空中搖晃一隻腳。三個原住民小女孩圍著你，最小的一個還包著尿布。年紀最大的女孩約莫五歲，她把手放在你頭上。他是我的寶寶，她抬起下巴，皺眉對我們說。

派特把你抱起來交給了你爸。他用細長的手臂試圖把你抱妥。起先你安靜不動，但膚色很快變得粉紅，然後漲紅，接著轉紫，你張嘴放聲大哭。你爸把你交還給派特，你沉入她厚實柔軟的身體。

我們當時還不知道你的生母是誰。我們只知道她懷胎九月，分娩生下你，還幫忙挑選收養你的父母。我說，光是這些就表示她非常愛你。

妳第一次見到我是什麼感覺？你大約五歲時問我。我開玩笑說：喔，我想說這個「肥嘟嘟、白嫩嫩、軟綿綿」的傢伙是誰？那時你已經懂這些形容詞，因為你的華裔親戚會這樣對你輕聲吟詠。真正的答案是我不知所措。猶如天空忽然打開，灑下黃金與食糧，人生就此改變。見過你的那天夜裡，我們醒著躺在床上，震撼得說不出話。我們沒預期會被選中，所以毫無準備。儘管那晚炎熱潮濕，我仍全身顫抖。

從見到你的一刻起，我們就認定了你。雖然我們花了幾天或幾週相處，你才填滿我的心房，我才徹底沉浸在對你小巧身軀的愛，還有你的氣味、你的每一個表情、你的存在裡。頭幾天的工作都很正經——確保我們把你好好餵飽、洗好澡、換好尿布、哄你入睡。但接著，我們聽到你的笑聲！在你耳朵旁邊搓揉塑膠袋的沙沙聲響戳中你笑點。你的笑聲聽起來像小驢子「咿—吼」的叫聲。我喜歡想成這代表你終於放鬆了。從那時開始，你那美妙的「咿—吼」笑聲整天隨時可能響起，原因百百種——有的偉大、有的傻氣、有的神祕——但你就是覺得好笑。

當我用手拉吊車將你盪在空中時，你更是笑個不停。還記得我安裝在輪椅前面用來把你從地上抱起來的滑輪系統嗎？當時你學會爬，但還不會站和走，我把你放進懸帶，從地上將你捲起盪到我腿上。這台手拉吊車花了一個月設計與打造，但你只坐了兩個月。因為你學會爬向我的輪椅，爬上踏板，踩著我座椅下的電池，投入我的懷抱。

我每講一次收養你的故事，你都冒出更多問題。為什麼我的生母不想養我了？為什麼是派特在照顧我？我和那些姊姊一樣是原住民嗎？你六歲時開始問這些問題。我不確定你能領會多少，但還是試著回答，不去迴避關於收養與寄養的艱難議題。就像我說過的，我認為雖然你還不能完全理解，但隨著時間你還是會吸收進去。這個故事逐漸增添更多層次與色彩，納入更多抽象的情節。好笑的是，儘管故事不斷擴張，我卻遺漏了一個重要的部分。

我從未告訴你，我申請收養有多麼困難。我從未告訴你，我可能無法收養小孩，因為人們認為身心障礙者無法養育孩子。我不是故意漏掉故事的這部分。或許我只是不覺得有必要講，因為我已經極其幸運得到你，我多麼感恩能成為你的母親。

別人老是看著我們，好奇我們怎麼會在一起。他們疑惑，一個亞洲身障女性和一個西方男孩在一起幹嘛？大多時候，他們的好奇天真或友善，但有時候他們對待我們的態度，彷彿我們很可疑或在做什麼壞事。我太習慣這種事了，通常我直接忽略。起初，這對你似乎不成問題，但一年前你剛上一年級時，我開始注意到轉變。有幾次我送你上學或去你班上，我聽到有小孩問你，她是誰？或她有什麼毛病？或說，她才不是你媽！你在家依然是那個深情的男孩，但在學校或公共場合，你開始和我保持距離。

現在，當我送你上學或接你回家，我知道你不想別人看到我們在一起。對此我從不說什麼，但我當然注意到了。你在我們一到通往學校的那座橋前就跟我吻別。你總是說：我可以自己過橋，妳不必來。但學校規定我要陪你到校門口。我請你等一下，但你總是快速衝過橋。你小時候，我們喜歡待在橋上，看橋下的車子呼嘯而過，從橋的另一頭往下看小朋友在學校裡玩。

你一到校門就頭也不回地一溜煙跑走。我去接你時情況也差不多。你只顧著繼續和朋友玩，彷彿沒看見我。但當我走向你，你馬上對朋友說再見，拿起書包，跑出校門，像是沒看見我。直到你抵達橋的另一頭，才停下來等我追上你。

上週我在學校摔出電動輪椅時，我想你沒看到事發經過，但你絕對看到事後倒在一旁的輪椅，而我躺在草地上。那天你如常衝出校門，任我追在後面。你還記得以前我讓你坐在大腿上時為你繫上的安全帶嗎？那條安全帶鬆了，使一邊的輪子纏住嘎止，整台輪椅翻覆。我被甩出去，膝蓋先重擊地面，人向後一翻，動彈不得，幸好是摔在草地上。我就這樣躺在地上，雙腿曲在身下。我可以看到你從橋上看著我。一群孩子聚集到我身邊，我請他們去找大人幫忙。他們帶著一位老師和一位家長回來。兩人扶我起來坐回輪椅。你全程都在橋上袖手旁觀。

我在橋另一頭追上你，因為跌倒——還有憤怒——而疼痛顫抖。

你看我倒在地上為什麼不過來？我生氣地小聲說。

你繼續往前走。

我在和你說話，你停下來看著我！

你停下來了。

你為什麼不來幫媽媽？

你可憐的臉龐都扭曲了，看起來好迷惘。我不知道！你大喊之後跑走。

我當時只想到你以我為恥。只想到你覺得我倒在地上看起來很可悲，你的朋友和老師也看到了，讓你覺得丟臉。

但我現在知道，問題其實出在我自己的羞恥感。我不想讓你看到我那個樣子——身體歪曲、無助地躺在地上，需要其他大人協助。我努力表現地像其他家長一樣。你知道嗎，每次輪到我去教室為小朋友切水果時，我最後總是帶著已經切好變色的水果，因為不想讓別人看到我的手臂無力到沒辦法切水果。

我和你爸申請收養時，很怕我們申請不到。我們必須申請海外收養，因為像你這樣等待收養的本地小孩很少。每個國家對於誰能收養小孩、誰不能都有不同的規定。多數國家說他們不會接受身心障礙者當家長，而接受的國家說只有程度輕微者才能申請通過。

我們必須填數不清的表格。我的肌肉無力是源自嚴重的退化性疾病。我填健康評量表時，故意不找原本的醫生，而是找一個專長不在這個病症的醫生，他根據我描述的症狀填表，同意我的障礙算輕微。

在篩選過程中，必須有一位社工對我們是否能適任親職寫報告。一天他來家裡和我們相處一整天，另一次是跟我們的家族成員會面，再一次則是見我們的朋友。我叮嚀所有參與者，必須淡化我的障礙、強調我的獨立性，好說服他們我的狀況輕微。我為社工來家裡的那天準備和預演了數週。他會與我們一起用餐，我要在他面前煮飯。我和你爸預先安排一切，使過程盡可能看來順利。我選了一道菜，要用的蔬菜很軟，我切得動，而且我還演練如何切得看來毫不費力。

或許我根本不必這麼拚命。那位社工十分放鬆，早上十一點喝了第一杯琴通寧，下午四點離開回他車上前又喝了三杯。

我不是要說為了錄取而表現虛假的一面是正確的。但收養的規則並不公平，假定身心障礙者無法育兒是種歧視。

最終，我們不必被海外國家挑選，得到了你這個出生在達爾文的孩子。我們沒料到會被選中。我們較常看到西方家長的亞洲小孩，但亞洲家長收養西方小孩，這幾乎前所未見。我如此感激選中我們的人。我感覺他們也許明白我們要透過海外收養程序被挑中有多困難，想助我們一臂之力。

我想告訴你，對於我摔出輪椅而生你的氣，我有多抱歉。當我自己都無法接納我的身障並感到自在，我怎能期待你做到。我太害怕別人覺得我不夠格當你母親。我不該生氣的。我應該只需要向你解釋，我理解你為什麼不來幫我，但我當時很痛，如果你來幫忙，我真的會很感謝。每個人都可能有跌倒需要人扶的時候。

我那天沒向你道歉，因為我花了點時間才想明白。我們那晚在你的床上一起玩汽車。你把心愛的火柴盒小汽車排成一圈，讓車陣圈縮縮放放。你玩累了，雙手各握著一台小汽車，推它們前進後退、前進後退，直到睡著。你那晚不想聽任何故事。但下一次你再請我講你的收養故事時，我會提到世人認為身心障礙者不適合養育小孩，以及為什麼他們這麼認為毫無道理。

米其林・李的小說《療癒派對》入圍維多利亞總督文學獎決選名單、沃斯文學獎候選名單及杜比文學獎決選名單。她的文章收錄在《月刊》與《二〇一七年澳洲散文選》。米其林幼年時從馬來西亞移民到澳洲，開始寫作之前是人權律師，也是一名畫家。在達爾文住了十五年之後，現在她住在墨爾本。她兒子剛滿二十一歲，依然熱愛汽車。

山姆・德拉蒙德
Sam Drummond

我只花了六個月就把新家附近的環境弄熟。不只是街道名稱或哪家咖啡最好喝，包括每一條巷弄、每一條捷徑、所有無人維護的青石小徑；哪棟房子的主人有囤積症、哪些商家不顧「拒收廣告信」的告示、誰在週三修剪草坪。當一個小孩只願意睡在嬰兒車上，她爸爸的生活就是這樣。就算下雨或飄毛毛雨，只要發現小孩打哈欠、揉眼睛或抓耳朵，我就迅速把幼小版的我放進嬰兒車。接著，比賽開始——看是她會先睡著，還是我的臀部和膝蓋先敗陣下來？

看著她入睡是親職之路到現在最大的榮耀。她的藍色雙眼目不轉睛地盯著我，然後眼皮眨了一下、兩下、最後一下——她睡著了，這天就是好日子。其他時候她會在我們經過樹木、小狗、小鳥時，雙眼滿是驚奇，睜得老大。這些漫無止境的散步無可避免地造成又一個無眠的夜晚。然後她終於能睡得像個嬰兒了，但我有侏儒症，我會翻來覆去地為痠痛的臀部換邊、試圖為腫脹的膝蓋找到舒適的角度，還堅持不吃止痛藥，因為還有比這更慘的時候。

不管她在嬰兒車裡有沒有睡著，有件事情一直讓我掛心——我有百分之五十的機率將身障遺傳給她。

•••

我從沒想過自己有天會為人父母。

我太常從其他身心障礙父母的口中聽到這句話。無論是先天、後天或兩者皆有，每個身心障礙者都會接收到隱微或沒那麼隱微的暗示，說他不該生育。

我有記憶以來，就一直被灌輸我因為身障而比別人「次等」的訊息。我的幼兒園像一如其他幼兒園，老師會把大家的身高標記在牆上，從高到矮。我總是最後一個。

在一年級的遊戲場上，有位學童告訴我他父母叫他不要靠近我，因為可能「感染」我的矮小。任何身體特徵不同平常的人都知道，小孩說出唐突魯莽的評論不足為奇。身為成年人，我很歡迎小孩的問題或評論，視為留下正面印象的機會。這種談及我外表的校園對話，一周可能會出現個十來次。要不是因為大人——他的父母——存有這種無知的觀點，並將偏見傳給不斷吸收資訊的孩子，我不會如此放在心上。

儘管我喜愛運動，我在高中體育課常常坐冷板凳，被扔在我的同學凱文旁邊。凱文的血液不會凝結，顯然他無法參與肢體接觸的運動。但這不能說明為什麼沒有非肢體接觸的替代選項。大家要求其他學生挑戰身體極限，而我們的極限卻是固定的，由他人定義。我和凱文感覺到，老師的教學計畫容不下我們的身體。我們的身體絕不值得引以為傲。

凱文八歲時在一次假期間過世。三位同學參加了他的葬禮。我必須羞愧地說，我不是其中一人。

談到性方面的議題，侏儒症患者接收到的訊息是，約會和生育這些事不只是長得高比較占便宜，而是你長得不高就毫無希望。

從小到大，大眾媒體從沒有跟我一樣的人以健康的性樣貌出現。身高低於平均水準的人，基本上身心障礙者皆然，被迫橫跨兩種對立的刻板印象：去性化或戀物癖。一端是孩童般無性的奧柏倫柏人[3]、七矮人或《綠野仙蹤》裡的芒虛金矮人；另一端則像是電影《王牌大賤諜》裡高度性化的角色「迷你我」。

我遇過一些比在學校被人嘲笑更粉碎自信、徹底影響人生的社交互動，在我心中，那些人物角色無疑要為此負上至少部分的責任。例如，參加音樂節時，醉漢撒尿在你身上，「因為高度剛好」。或是你心儀的對象告訴你，你應該和「你那種人」在一起，而不是她。

透過這些方式描繪我們時，社會傳達給年輕身障者的訊息很清楚：你和別人不同，你應該坐

3《巧克力冒險工廠》中的小矮人。

冷板凳。就算你能成功，也不會因此就跟我們在一塊。

到了你考慮生養小孩時，假如你還未接收到以上訊息，醫療人員提供的「遺傳輔導」也會辦到。這名稱就已經露出馬腳——沒有人在一帆風順時去輔導，只在出問題時才去（好比酗酒）。

我也無法解釋為什麼，我的伴侶在我們交往初期就對我高度感興趣，想陪我去做定期健康檢查。我們連問都沒問，醫生就主動向我們證實了那個數字——如果我們生小孩，有一半的機率他將迎接新病人。在當時的人生階段，我們兩人都對小孩沒興趣。所以當我的伴侶禮貌地微笑拒絕了遺傳輔導的邀請，我鬆了一口氣。

檢查結束時，我知道我們兩人之間有某種特別的東西。這個人對我的一切真心感興趣。不只是生命中我享受的部分，也包括我厭惡的部分——例如這些空虛的門診預約。

我們只是了解著彼此就很快樂，坐著共享一杯茶、一副撲克牌、一條溫暖的毯子。當時的我是世界上最幸運的人，不想出現任何改變。我絕對不想提生小孩的事，那太激烈了。就像在玩二十一點時，拿到一張J和一張A，然後對莊家說：「再給我一張牌。」

我從沒想過自己有天會為人父母。

直到我發現有這個可能。

我們當時在一趟這輩子最精采的旅行之中，在馬來西亞徹底放縱感官，在蘇門答臘看紅毛猩猩和烏龜，在斯里蘭卡近距離接觸大象和藍鯨，在柬埔寨的原始海灘上消磨時光，甚至在星期天早上遇到騎著單車的汶萊蘇丹王。但一次臨時起意步行至檳城燈塔的路途，讓我重新思考了生命中的優先順序。

當地的旅遊網站這樣描述那段路線：「這條從猴子沙灘出發的登山步道開頭陡峭，但階梯寬敞，當你靠近山頂，步道將收窄為狹小的叢林小徑。這裡並非高難度的長途登山路線，依據你的體能，可在三十分鐘至一小時內走完全程。」

體能對我來說不成問題。我當時剛比完一場馬拉松游泳，身體前所未有地健壯。但我們在熱帶高溫籠罩下滿身大汗爬完上坡，再從海拔二百二十七公尺往下走到海灘，下坡的每一步都讓我的右膝像用鏟子敲打水泥一般震動。我的腿開始顫抖，我和伴侶相擁著走每一步，我們把額頭靠在一起，就像大象表達愛的方式。然後她支撐著我的重量幫我走下每一步台階。過了比網站估計多上好幾個小時的時間，我們抵達山下時，我已經受傷了。

接下來幾個月，我的疼痛改變了我們的旅程。狀態糟到我的伴侶不忍直視。我有自己的轉化方式——我專注在腿上的疼痛，騙我的大腦把它想成是腿部送來的無害訊號。我的伴侶能做的只有陪在身邊，給我止痛藥。

我們每天在陌生的床上醒來，答應彼此今天要玩得輕鬆點。然後我一定又會堅持走過茂密叢林，或要再爬下一座山，儘管我心知肚明這個固執的決定最終將化為劇痛。

身心障礙者或慢性病患者很清楚這種痛苦。這讓你重新衡量你的基本原則。如果你最後從中解脫，你對待生命的方式將再也不同。

當我告訴別人，這件事讓我意識到自己終將死亡，別人常傻眼，好像在說「你現在才發現？」但這份體悟不只是表面的——模糊地察覺有一天將會死去與完全接受這個事實之間是有差異的。對我來說，接受事實帶給我一種與周遭世界和平共處的感覺，並有種迫切感，想盡可能善用所剩的時間。

我回到澳洲時帶著一組拐杖，以及新的人生意義——我手上的牌改變了，是時候冒險了。

我決定開啟那場「關鍵談話」。

結果，原來我們都以為對方不想要小孩。我們兩人都各自默默面對無疑會遇到的假設狀況——小孩被嘲笑怎麼辦？在學校或職場被歧視呢？要面臨多次手術呢？還有無止盡的疼痛呢？我要怎麼抱小孩進汽車安全座椅或抱上尿布台？假如小孩身體健全，跑得比我快怎麼辦？

我們哭了。

我們發現這些問題全都陷在社會套在我們身上的假設裡。

我們兩人有幸和社運人士史黛拉．楊稱得上是朋友，她的手臂上有個刺青寫著：經由練習，才讓你為自己驕傲。

我和伴侶無數次晚餐、旅行中、深夜裡的深度對談中，時常討論身障為這世界帶來的益處。我們的社會落入圈套，誤以為問題在身障者身上，其實問題一直都是社會無法完全接納他們並有所調整。

我們所在的世界重視對身障者抱持同情心，鼓勵我們捐錢給醫院，讓醫院治癒身心障礙。同時，身心障礙者卻被大家拋在身後，因為社會並不重視提供幫助他們好好過日子的事物——手譯員、電腦軟體、無障礙坡道。

當世界能擁抱身心障礙、讓身心障礙者有權選擇自己的人生，我們都將更有機會發揮潛力。

當我們把焦點放在社會能否再接納一位身心障礙者這類問題上，我們就不在奉行身心障礙者驕傲。

我們接受了健全主義世界的觀點，視身心障礙為負擔。

我們否認多元的經驗能讓這個社會變得更美。

對我來說，我並不是「儘管」作為身心障礙者，仍決定有小孩。有很大一部分，有想小孩，正因為我是身心障礙者。

• • •

我們的育兒旅程，始於要去參加家族葬禮的一個早晨發現我們懷孕了——這默默提醒了我們生命循環的脆弱。一次照超音波時，放射師知道我們的小孩有擲銅板般的機率遺傳到我的身障，他轉向我的伴侶並說出那幾個字：「我很遺憾。」

我的伴侶比任何人都清楚我的身障形塑了我是誰，我絕不想有任何一絲改變，所以她回道：「你不必遺憾，我們已經思考過這件事——我們不認為這是壞事。」

・・・

我們的女兒誕生在充滿可能性的世界。當我看著她軟嫩的小臉，我看到一個可以達到任何目標、去任何地方、成為任何人的人。或許成長老化的過程不過就是明白你的限制，知道你可以達到的目標、可以去的地方、可以成為的人。

她出生那天，我體驗到為人父母帶來的所有情緒：絕對的喜悅、疲憊、驕傲、擔憂、保護欲、愛，還有一種我不知名的情緒，是在看著後代時，彷若在與自己對望。

接著，還有哀傷。

最後這種情緒不常有人談起，但為人父母有許多點值得哀傷——最明顯的是你失去了過去的生活和未來的可能性。我已經預期到這點。這是放手過程中健康的部分。

女兒的第一口呼吸就聞到從維多利亞州飄來、我們東邊不遠處森林大火的氣息。濃煙繞了地球一圈，從西邊回來，散布在我們家每個角落。在她出生第一週，我也哀悼我們再也無法指望安全的氣候環境。

但也有一種不在預期內的哀傷，圍繞著我的身障。我們兩人當父母的歷程中包含一種介於天堂與地獄之間的煉獄狀態。如果這個幼小版的我遺傳了我的身障，要到她十八個月大左右才會開始出現明確的跡象。

我出生時身高在醫療人士所謂的「正常範圍」內，女兒也是。知道這件事使我處在一種不確定的停滯狀態，不管她是不是身障者，我都為可能失落而感到哀傷。

如果她沒有身心障礙，我哀傷的是她的人生將錯過因其帶來的美好觀點與經驗。如果她有身心障礙，我哀傷的是她的人生將有部分被社會的偏見和期待所定義。這是遺傳性身心障礙帶來的雙重負擔。

無論如何，我已經知道養育身心障礙的孩子必然伴隨著哀傷。前面這句話出現在我的腦中，讓我像條被走進樹叢的人類嚇一跳的蛇。當爸爸之前的我會痛恨承認這件事。我聽過非身障父母談到小孩被診斷出身障的難過之情時，被人們指為自大或自私。但當我無止盡地走在小巷弄中試著哄睡幼小版的我，我承認這份哀傷是真實的。隨著我愈走愈站不直，我發現令我哀傷的不只是如果她是身障者會面對什麼偏見，也包含可能等待著她的身體疼痛。

重大自問的時刻來臨——在感受這份哀傷時，我仍能保有身障者的驕傲嗎？當我推著嬰兒車進入車道，把她抱起來走進她房間時，我滿腦子都是這個問題。

「我受夠了！」我對著在隔壁房間居家辦公的伴侶大喊：「不能再這樣下去了。」

我把幼小版的我放進嬰兒床，直視她的眼睛，向她解釋我們該學學新方法讓她在白天入睡了。她哭了。然後繼續哭，不停哭。我把她抱起來，閉上我的眼睛，低頭靠向她的頭。她安靜下來。我感覺到她的額頭靠著我，就像大象表達愛的方式，我很驚喜。

接著我頓悟了。

有小孩之前，我以為這場旅程會是實踐身心障礙者驕傲的終極行動。我的想法沒錯，但理由錯了。我不是只因生了小孩就實踐了這份驕傲，而是透過這不可思議的小生命對我的愛才學會了這份驕傲。她徹底活在當下。她不批評。她注視我的眼睛，展現出絕對的忠誠。她強化了「只有當你愛自己，你才能愛人」的信念。

一歲的她幾乎遺傳了我的一切——我的頭髮、眼睛、對書的喜愛、只要繼續上菜就吃不停的習慣。我們依然尚未確認她是否遺傳了我的身障。但假如那天到來，我們之間也不會有任何改變。

我們會像大象那樣頭靠著頭，一切都會沒事的。

山姆．德拉蒙德是律師與身心障礙倡議者。他與伴侶喬、女兒關朵琳、他們養的狗貝思一起住在墨爾本。山姆和小關常沿著梅里溪散步、在布倫瑞克浴場[4]游泳，或在墨爾本動物園和大象交朋友。

4 墨爾本一座公共游泳池。

布倫特·菲利普斯——取自與伊麗莎·赫爾的訪談
Brent Phillips

我從來沒有因為耳聾而感覺和別人不同——我一向熟悉耳聾的世界。我的父母和祖父母都是聾人，所以我在聾人文化中長大。這在我心中是正常而根深柢固的。我從小就看到聾人能當很棒的父母——而且，因為有我父母作為角色楷模，我有信心自己也能成為好父親。

我在二〇〇六年認識我的伴侶梅爾，對她一見鍾情。梅爾也是聾人，她的父母也是，所以我們兩人都有耳聾的基因，並深深以此為傲。

七年後，我們的女兒泰勒於二〇一三年出生。剛見到她的那幾天，我們感到幸福至極，欣喜若狂。她如我們的想像般美好，甚至更棒。

泰勒出生滿三天時，一位護士衝進我們的病房做聽力篩檢，這項新措施由政府補助，讓所有新生兒都接受聽力損失篩檢。我們沒機會要求手譯員在場，所以只能讀唇語。我清楚記得我在護士完成泰勒的檢查之後看著她說話，她伸出手來和我握手，興奮地說：「恭喜！」

我和梅爾不解地對望。她是什麼意思？因為泰勒跟我們一樣所以恭喜嗎？她是聾人？還是

「恭喜，你的女兒通過測驗，她聽得到」？我們很困惑，但很快就明白她是為女兒聽得到而恭喜我們。我們表現得興致缺缺一定讓她驚訝。我們完全不在乎女兒聽不聽得到；對我們來說，**這件事沒有所謂及格或不及格。不管怎樣她都是完美的。**

我開始想像當有寶寶「不及格」，護士會對家長說什麼。她大概會說「我很遺憾」，並且憐憫他們。這樣想讓我沮喪。我希望護士可以在那個時刻支持家長，提供聾人文化的資訊，讓他們知道有了不起的聾人社群存在。從文化和語言觀點來看耳聾，和從醫療模式看大相逕庭。但醫療世界擁有強大的權力；耳聾仍常被視為缺陷。而且，如果聽人父母透過這種方式認識耳聾，他們大概不會知道孩子有機會進入一個多麼正向的世界。

幸好，我們隔天就把泰勒放在後座，從醫院載回家。載著新的珍寶在車上，我駛得小心翼翼。我們早已在墨爾本的公寓（屬於我們的小天地）設置所需的一切。我們有個名為嬰兒哭聲警報器的東西，當泰勒在夜裡發出聲響或哭泣時通知我們。我們把收音器裝在她的嬰兒床附近，在客廳或臥室時則配戴一個呼叫器。只要她製造出一點聲響，呼叫器就會震動並發出閃光通知我們。

我們從第一天就對泰勒使用澳洲手語[5]。我們比「奶」、「睡覺」、「媽咪」、「爹地」。當然她一開始不能理解，但我們持續。幾個月後，她開始模仿回應，到九個月就可以比單字，隨心所欲地和我們溝通。

兩年後，兒子奈特出生。他也聽得到。他也在九個月學會比澳洲手語。我非常驕傲兩個孩子的第一母語都是澳洲手語。

大家常問我：「他們怎麼學說話的？」我們猜他們一定是透過電視或聽人家族成員（阿姨、叔叔、堂表親）習得英文和口語。他們在一歲時開始一週送托幾天，這時他們的口語才真正突飛猛進。

但我們向來不太擔心他們到底怎麼學英文，我們知道他們終究學得會。我們最注重的是家裡要是澳洲手語環境，所有人在家可以用同一種語言溝通。

我認為有很長一段時間他們甚至沒注意到我們是聾人。因為他們的祖父母也是聾人，他們一直成長在這樣的環境中。但他們在托嬰中心開始注意到其他小孩和父母以口語溝通。或許他們在那時理解到我們因為聽不見才比手語。

他們會輕敲我們的肩膀，說：「外面有一隻狗在叫。」或讓我們知道門口有人。我們有視覺警報系統負責通知，但有時候孩子聽到聲響就會讓我們知道。

泰勒剛滿三歲、奈特還是嬰兒時，我們在奈特房間設了哭聲警報器，但家裡的洗衣間和一些地方沒有。奈特會爬之後，可以移動到其他房間，有時在那裡哭了起來。泰勒常說：「爸，奈特在那裡面。」並指出奈特的位置。明白父母聽不見只是他們成長過程中自然的一部分。

5 英語系國家仍有各自的手語，彼此有相似之處，但不完全相同。

孩子還小的時候，全國殘障保險計劃尚未實施，我們沒有尋求手譯員協助的管道。我們參加聽人小孩的生日派對時，感覺極為困窘。我和梅爾只能站著，試著對別人比手畫腳，感覺很不自在。派對上生氣勃勃，我們也盡量跟上大家的腳步。我常緊跟著泰勒到處走，只為了保持忙碌。我用丟球或加入小孩的肢體遊戲轉移我的焦點，以避免和其他家長交流。我有時覺得寂寞。

全國殘障保險計劃推出之後，我和梅爾都獲得補助，表示我們終於可以預約手譯員了。這帶來天翻地覆的改變，因為手譯員可以一起來派對。我們可以和其他家長進行深度對話，不再感到孤立。我們也帶手譯員去參加小孩的運動比賽，於是可以和教練及在場的其他家長交流。大家已經習慣我們有手譯員陪同。有時候其他家長問我們：「你們怎麼申請手譯員的？」我們就有機會解釋全國殘障保險計劃。接著，他們常對我們的語言問更多問題。有時候，他們在結束對話時興起學手語的念頭。

我不確定泰勒和奈特是不是較慢開始說英語。我認為沒有。現在他們已經上小學，可以肯定他們的英語和澳洲手語都很流利。我們從他們很小就大量共讀。大家常疑惑我們怎麼做的。答案是我們用澳洲手語講故事，但依照英文單字的順序。澳洲手語和英文的文法、句法、結構完全不同，但可以在比手語時刻意照著英文單字的順序。我有時候出聲朗讀給他們聽，但我說起話來和聽人不同。我是聾人，從我的聲音聽得出來。

一個星期六，我帶兒子去踢澳式足球。他心不在焉地繞著球場跑來跑去，我出聲對他大喊。

他迅速跑向我，臉上表情憂慮地說：「你知道那個女人為什麼看你嗎？」

我問：「奈特，為什麼？」

他回：「因為你的聲音很奇怪。」

我說：「對，爸爸的聲音的確不一樣，不同於其他人的。我聽不到自己說話，所以我的聲音聽起來不一樣。」

我們的孩子聽得懂我說話，因為他們習慣了，他們每天都聽到我的聲音。如果我大喊：「你們晚餐要吃什麼？」他們知道我在說什麼，可以回答。但他們現在長大到明白我聽起來不同，是因為我聽不到自己的聲音，而且沒人教我怎麼發某些單字。奈特從容以對——他只說「OK」，就跑走繼續玩。

老師告訴我，他們的英文程度優秀。我們開始研究孩子要上哪間學校時，搜尋了很多資訊。找到一間學校能接受並擁抱我們是聾人家庭、孩子有雙語背景的事實，對我們很重要。我們最後選的學校當時採用義大利文作為第二語言。該校校長對我們十分支持，經過數次談話之後，學校對師生家長進行調查，徵求另一種語言替代義大利文。澳洲手語的支持度遠超過其他選項，所以現在學校開課教授澳洲手語作為第二語言。這有優點也有缺點。我小孩的英語和澳洲手語都十分流利，上手語課時經常覺得無聊，他們有時甚至當起小助教。但好處是能幫助我們融入學校社群。現在，幾乎所有學生都會手語，至少能使用基本字母。所以有同學來我們家時，我們可以和他們溝通。甚至一些家長也表示有興趣學手語。我因此看到我們所處的社群有著開放的心態，他們擁抱並接納我們。我們的小孩很驕傲他們會手語。

我聽過不少小孩因為使用手語而感到難為情，或因為父母是聾人而在校園被取笑的故事。幸好，我們小孩的同學和老師每天使用手語，所以手語在校園生活中被視為正常的一部分。這對他們的自尊、自信及對母語的驕傲很重要，而我們從他們很小就開始培養這些特質。

我們一向告訴小孩每個人都獨一無二。我們以自己為例解釋：我們因為聽不到而使用視覺語言。我們很幸運能住在科堡一個多元的地區，這裡文化多元、思想進步。和我童年時很不一樣，我們的孩子從小到大視多元為常態。我小時候，周遭都是核心家庭出身的白人，同志也不能結婚。我非常高興我們孩子所成長的世界裡，大家在各個層面擁抱多元性。

奈特現在才六歲，泰勒則剛滿八歲。有時候我會想，不知道他們變成青少年時會怎麼樣。他們會變得沒那麼自在嗎？正因如此，現在就透過開放的溝通好好經營親子關係非常重要。

當我們在附近社區活動時，有時候我們沒有要求泰勒她就幫我們翻譯。例如，我在外賣店要用文字點餐時，她馬上打斷我：「爸，我想幫你翻譯。」我沒有要她這樣做。我們從不強迫小孩幫我們翻譯，但如果他們想做，我們也允許。不過我對此很小心，因為我不想剝奪他們聽和說的能力。我也非常留意讓他們看到父母很獨立——我們不需要依賴他們，可以自理與溝通。

身為兩個聽人孩子的聾人父母，我們讓他們有機會接觸一個完全不同的社群與語言，他們很喜歡參加聾人社群的活動。他們透過學校和聾人社群這兩個世界充分獲益。

對我來說，真正重要的是在小孩身上培養強健的價值觀和態度。於是他們長大後會成為聾人社群的盟友。他們以我們的家族認同為傲，在聾人世界和聽人世界裡都能優游自在。

布倫特・菲利普斯是第三代聾人，和聾人妻子結婚，是以兩個孩子為傲的父親。布倫特現為聾人服務機構影響力總監，曾任全國殘障保險局輔助科技及就業成效部主管。他曾任維多利亞身心障礙諮詢委員會主席及表達澳洲組織的語言、合作暨創新部主任。

納特・巴奇與傑瑞米・霍普金斯
Nat Bartsch, with Jeremy Hopkins

我們的育兒故事很獨特，不只因為我們兩人都是職業音樂家，生活鮮少枯燥乏味，也因為我們在幾個星期前才開始徹底理解我們是怎樣的家庭。這份洞察的對象從我們當中一人開始，再到其他人，呈螺旋狀由內而外慢慢展開。

十五年前，我和傑瑞米在維多利亞藝術學院讀爵士樂時相識。我主修鋼琴，傑瑞米主修鼓。他當時穿著「海盜好～酷」的T恤，雖然我們三年後才開始交往，但我們認識後很快就變成朋友，為彼此擁有的音樂才華、幽默感及對週遭世界的敏感而深受吸引。

那幾年我們兩人各自都過得艱難。傑瑞米有注意力不足過動症，生活管理方面常常遇到困難：需要完成作業、準時上課和準時排練、記得移車以免吃罰單、提高獨立性。我的掙扎則偏向情緒層面——要應對焦慮與高低起伏的情緒——最終被診斷為躁鬱症。

終於，天時地利人和，我們墜入愛河。我們交往的第一年充滿激情，期間我們兩人或其中一人都不時出國讀書或巡迴演出。接著是我人生中最艱難的兩年，經歷好幾段鬱期，感覺自己和音力不足過動症患者的大腦來說很困難）。

樂完全失去連結。傑瑞米在這些時候也很辛苦——他支持著我，搬出家裡並經營自由業（對注意力不足過動症患者的大腦來說很困難）。

我們在二〇一六年結婚，終於安定下來。當時我們感覺已經歷了很多事情，再來不管遇到什麼都能克服。到那時候確實如此，但當時我們還不知道前方等著我們的難題。

我們知道我們想要小孩，但也知道身為一對患有注意力不足過動症和躁鬱症的伴侶，育兒可能是一大考驗，尤其是產後階段。我懷孕之後，我們老早為此計畫，準備好藥物、後援名單、冷凍食物。我的生產計劃不是只著重我偏好什麼生產方式，事實上是一份為產後數小時到數天所做的「媽媽計畫」。我在生產前就開始分泌初乳，我們美好的兒子威爾就像誕生在一座「村落」[6]，有祖父母、阿姨、護士的支持。躁鬱症患者不能沒有規律的睡眠，而我能享有規律睡眠是因為有周遭這些人的幫助。

令人驚訝的是，成為母親對我的心理健康有強烈的穩定作用。我喜歡可預測的生活——我們身為藝術工作者，卻過起只需要專注在一個對象的日子，這份純粹非比尋常。我們徹底愛上威爾，我意識到比起老是關注自己的內在世界，關注別人的需求對我的心理健康更有益。誰知道從事鋼琴家和作曲家的工作，會比當母親更容易威脅我的心理健康？當了母親，讓我充滿創造性的一面和居家的一面得到良好的平衡。

然而，隨著威爾長大，還有傑瑞米在大型表演藝術公司的工作強度提高，他要順利處理家裡的事情比以前難上許多，一切變得更加複雜困難。他很難在一天結束時從工作中抽離、完成育兒的責任、好好吃飯睡覺。他出現更多重複行為、不尋常的興趣與習慣、強烈的情緒、更常徹底關機，我們對彼此也愈來愈不滿。

我們都開始問同一個問題：或許注意力不足過動症未能解釋傑瑞米身上發生的一切？回想起來，從我懷孕開始，他的能力就開始一點一滴地改變，剛好也和他開始全職工作同時發生。在那之前，他面對不少特殊挑戰但還能應付——尤其因為他是自由藝術工作者，彈性的工作時間讓他有機會睡晚一點。但現在他要負責更多家務、家裡更嘈雜、要早起、還有新的例行性工作要學。與此同時，他也有更多巡迴演出，表演會到晚上十一點才結束——所有有小孩的音樂家都有這種壓力，但在他身上更加放大。傑瑞米身上的壓力已讓他無法承受，我們必須搞清楚他為什麼這樣反應。

我們轉而看向我們那美好的學步兒——記憶力驚人、語言能力遠遠超越同齡、喜歡把小汽車排列在色譜上。一天我們走進一家九個月沒去的母嬰用品店，當時大約兩歲的威爾指著後方角落的更衣室說：「換尿布？」他真是不可思議——但有一小部分的我在想，這背後是否另有隱情。

十八個月後，我們終於也把目光轉到了我身上——笨拙的社交技巧、自我刺激行為（通常包

6 西方流行一句非洲俗諺：「養大一個孩子要舉全村之力。」(It takes a whole village to raise a child.) 此譬喻全書將多次出現。

含重複的動作或行為）、僵化思考、難以適應改變、擅長過有結構的生活……我和傑瑞米一樣意識到，單一種情感性疾患無法解釋很多讓我日復一日感到困難的事情。我發現許多我以為落在躁鬱症光譜上的事情（例如思緒奔騰）其實並非持續發生——奔馳的思緒只出現在忙著作曲的一天結束時，大約傍晚五點到七點之間。這種情況很少惡化為輕躁症。我的問題更偏向從工作到育兒的轉換困難——廚房裡的風扇噪音令人疲憊，更加劇感官超載。

接著，我們細想我和傑瑞米創作的音樂、我們的音樂天分、對這項技藝的全心投入（儘管有育兒、家務、封城的阻礙）。雖然注意力不足過動症「過度專注」的症狀和躁鬱症的創造欲望絕對有助於藝術家發展事業，但我們對音樂工作的投入中有某種超乎尋常的堅定特性。音樂是我們的特殊興趣。

我們尋求倡議團體和心理治療師的幫助，先後接受正式評估，最後終於明白——我們是屬於自閉症類群[7]的一家人。恍然大悟之後，我們如釋重負。這證明了我們每天的掙扎其來有自，獲得輔導與理解大大改善了情況。對我們來說，正式得到自閉症類群障礙症的診斷，代表有個可以管理家庭生活的架構——自閉症人士最愛架構了！更不用說我們最後（拚老命才）得到全國殘障保險計劃的補助，在幾個星期內改善了我們的婚姻關係和我們兩個照顧者之間的動力。掌管家務和處理行政的重擔長久以來都落在我肩上，現在我們分配得更公平。我和傑瑞米並不是像變魔術般突然就平均分工，而是在我們和支援人手之間取得平衡——讓我們看到，在共同的未來，我們都是自信而獨立的成人，擁有自己的生活。

如果我們沒當父母，可能不會發現我們屬於自閉症類群。當生活增添了親職的責任，我們的掙扎終於被攤在陽光下。我們當起父母比神經典型[8]的人困難。我們可能無法忍受假想遊戲，也不可能保持家裡整潔，就算是最簡單的外出行程也能使我們精疲力竭。我們在清晨頭腦昏沉又沮喪；因為親子樂園、購物中心、打掃、電視、小孩鬧脾氣而感官超載；在托嬰的過程產生社交焦慮。我們試著為威爾保持多元與彈性的環境，好讓他能因應變化，儘管我們自己很樂意用一模一樣的方式過每一天。給小孩看螢幕的時間或用食物賄賂他，超過我們「應有」的程度時，我們感到罪惡。

誰都不想經歷二〇二〇年，但對我們來說，新冠疫情讓我們有時間遠離表演藝術事業，得以真正了解自己並爭取我們的需要。自閉症社群的美妙之處在於他們無比驕傲地擁護像我們這樣的家庭。他們的言語以優勢為出發點，讚揚我們獨特的技能和興趣，讓我們此生第一次因為自己是怎樣的人而驕傲。

7 自閉症類群（ASD, autism spectrum disorder），又稱泛自閉症障礙，用以表達其本身的多元性。

8 神經典型（neurotypical），最初是自閉症社群創造用於指稱那些不在自閉症譜系上的人。其後泛指無神經學特異表現的人；換言之，即無自閉症、閱讀障礙、發展性協調障礙、雙相情感障礙、注意力缺陷過動症等類似情況的人。此概念後來被神經多樣化和科學團體採用。須注意的是，此詞主要由自閉症者使用，不適用於大眾媒體。

我們現在明白，一個家庭的父親可以在晚餐餐桌上講出二十年前看過的完整電影場景，用任何地區的口音講英文，母親可以在小孩剛出生十個月內作曲、製作、發行古典音樂獨奏專輯，或兒子在兩歲前就會說完整的句子，這些都並不尋常。但這一切都超酷的，不是嗎？自閉症支持資源幫助我們在威爾的各個發展階段完成育兒任務，以及發掘我們感官系統的需求。社會故事[9]幫助我們對新經驗預做準備，減壓玩具讓我們保持雙手忙碌、心靈平靜，降噪耳機切斷家庭生活的混亂，厚厚的毛毯安撫我們——這些工具令我們全家人都感到耳目一新。

對於我們為什麼是這樣的人，我們和家人也有許多哀傷的感受、對此反思並重新架構我們的觀點。哀傷的是我們的生活在某些方面將永遠比他人困難。我們也難過於這件事對我們來說如此關鍵，我們如此長久以來卻一無所知。但從我們現在立足之處，可以看到許多希望。我們以得天獨厚的立場教導威爾如何活在一個不為他設計的世界、如何搞清楚令他不解或看來不公平的事情、如何與難受或擔憂共處、如何理解人類行為、如何建立友誼和面對新經驗。因為我和傑瑞米這輩子一直都在做這些事情，卻渾然不覺。

最重要的是，我們之間有深刻連結的愛。威爾每天都說他愛我們，給我們滿滿的擁抱與親吻。我們感受和表達事物的方式強烈，這是具神經多樣性的人的特權。我們都知道軍事史上某個事件的詳情，或在夜間十一點這種時間一起聆賞新歌裡的某個和弦——分享我們各自的熱情所在——也是愛的表現。

我們期待更加了解身為自閉症人士的意義。一如往常，我們有時候需要求助。我們也期盼可以更自豪一些：用我們的特殊興趣過個怪咖假期，深刻投入與眾不同的音樂企劃，在超市戴降噪耳機，手提包裡放著指尖陀螺，全家一起緊緊擁抱，帶來心理安撫作用的塑身衣（別懷疑，是真的），雙關語和押韻的文字遊戲，即興歌曲。還有，很多、很多車子。

由於我和傑瑞米在青春期和成年後經歷許多困難，我們也有點憂慮——威爾將來會遇到什麼難題？也許每個父母都會問這個問題，只是我們直接就能想像得到可能的答案（我們曾遇到的霸凌、焦慮、憂鬱）。但值得寬慰的是我們已開始清醒地經營家庭生活。我們直到三十幾歲才明白自己有自閉症。我們的洞察慢慢擴大範圍，逐漸明白每一個小小的發展階段及過去難以理解的掙扎。我們相信無論威爾的下一波感受何時到來、如何表現，我們都能保持冷靜與開放地協助他。

我們希望隨著威爾長大，他不只將學習理解與接納自己的神經多樣性，也跟我和傑瑞米一樣，對我們獨特的大腦感到自豪。在我們雜亂不堪的家中，有著嚇人的聰明才智、大量的知識、豐富的創造力、強烈的毅力、敏感、忠誠與善良。

這份洞察的對象從我們當中的一人擴及到其他人，呈螺旋狀由內而外慢慢展開。隨之而來的，是我們對具有神經多樣性的自我開始產生慈悲心。

9 社會故事（Social stories），一種幫助自閉症人士或孩童透過故事了解社交情境的工具或教學方法。

納特．巴奇是獲獎鋼琴家、作曲家，作品包含古典、爵士、兒童音樂。她的丈夫**傑瑞米．霍普金斯**是鼓手、歌手、配音演員、作曲家和歐茲馬戲團前音樂總監。他們和四歲的兒子威爾一起住在墨爾本。

賈克斯・傑基・布朗
Jax Jacki Brown

「妳以後想要小孩嗎？」

在一個寒冷冬夜，我們在費茲洛依區等計程車時，我這樣問她。

在認識安之前，我從未真的想過要有小孩。身為使用輪椅的酷兒，我以為要懷孕太難，而且老實說，我本來不相信我能找到一個人不只愛我到選擇我作人生伴侶，還願意和我一起生小孩。內化的健全主義讓我從不允許想像有天自己可能進入親職。所以這真的很怪——才剛交往幾個月，我竟會這樣問她，把這個問題拋入兩人之間的寒冬空氣中。

她馬上回答，想，她希望以後有小孩。

兩人交往四個月後，我帶安回新南威爾斯州北部見我父母。一天，我去一位摯友家敘舊，父母趁我不在家探問安的打算。他們問她對我們的關係多認真、她想不想和我生養小孩。她試圖迴避，但他們繼續追問，改問她將來想不想要小孩，不論是不是和我一起。她最終說：「可能會吧」。

我回家之後，安告訴我事情經過。她很沮喪我父母強迫她談我們都還沒談過的事情。我為父母的多管閒事向她道歉，我們說好如果幾年後我們還在一起，到時候再來思考這件事。

我在五個月後搬進安的家。在那之前她基本上住在我的小公寓裡，但她的貓在她家很寂寞，於是我們想，何不省下租金，共同打造一個家？我把我所有彩虹相關物品都帶去——我自己手作的酷兒驕傲旗，上面還串掛了我的酷兒摯友用模板印上「酷兒震撼我世界」字樣的彩旗——我們驕傲地把這些旗子掛在家裡。

我很興奮能正式展開同居生活。我父母為我們的這份承諾打造了最重大的象徵物——通往安家中的無障礙坡道。父親是業餘建築工人，曾幫我的租屋處弄過無障礙坡道，但這次不一樣——這次要恆久耐用。快完工時，父親說：「你對這個女孩子最好是認真的，因為我這坡道蓋得很漂亮，我可不想再來一趟拆除它。」

我對她是認真的，七年後，我們兩人——和坡道——都還在一起。

• • •

我們在一起兩年後，重新思考小孩的問題。我受邀在一場LGBTIQA+研討會針對身心障礙權益發表演說。我的演說場次結束後，我和安去聽一場談「LGBTIQA+的生殖選項」的研討會，主講人也叫安，她後來也成為我們的生殖醫療專門醫師。安醫師談到LGBTIQA+可嘗試受孕的不同方式，也仔細討論對胚胎進行身心障礙遺傳檢測的選項，現場有位聽眾（不是我）

提出進行那種檢測並篩選掉「異常」胚胎是健全主義和優生學的一種表現形式。安醫師沒有中斷討論，反而說以前沒有人跟她分享過這個觀點，她願意在座談結束後進一步討論。我們也留了下來，最後和她有了一段很棒的交談。這次經驗促使我和安開始談共創家庭的事——沒多久我們就出現在生殖醫學中心進行第一次約診。

我們當時都三十歲出頭，沒有已知的不孕問題，對於同居生活即將展開的新篇章興奮無比。我們討論到以什麼方式創造家庭時，安讓我驚喜地說她樂意進行伴侶試管嬰兒，以我的卵子在她的子宮受孕。我對懷孕不太感興趣，但覺得和小孩有遺傳上的連結很不錯。酷兒和身心障礙者擔任父母的正當性常受質疑，所以知道我身為家長的地位絕對站得住腳，對我十分重要。

我們不認識任何我們覺得適合詢問捐精的順性別男性，所以我們選擇生殖醫學中心召募的匿名捐精者。伴侶試管嬰兒的作法讓我們兩人的身體都能參與孩子的創造，我們喜愛這個概念。

・・・

我們的診所一晚為準父母舉辦了說明會，由護理師向我們解釋對捐贈精子所做的基因檢測。她解釋，只要支付一筆額外費用，他們還可以篩檢準父母和我們以後的試管胚胎是否有囊狀纖維化、A型血友病、戴薩克斯症[9]，以及兩種雙性人變異——透納氏症和柯林菲特氏症[10]。雙性人就是LGBTIQA+裡面的「I」(Intersex)。發現我所處的社群——我極為珍視的社群——當中有一部分被篩掉，真是令人感到衝擊而沮喪。我們也得知維多利亞州的所有捐贈精子都預先檢測了囊狀纖維化、X染色體脆折症、脊髓性肌肉萎縮症、血栓好發症。我們不能選擇拒絕這些篩檢——試管嬰兒診所只接受不帶這些疾患的精子。

參加這場說明會之前，我和安已針對我們是否有能耐養育小孩談了很多——包括可能養育一個身心障礙的孩子。我們談到身心障礙兒童可能遇到的阻礙、可能需要的支持和服務、以及為了使孩子取得這些支持和服務，身為家長的我們可能必須承擔倡議的工作。這些對話迫使我面對我內化的健全主義。我害怕身心障礙的孩子可能遇到更多偏見與歧視——我太清楚那多累人。但我也知道我可以教他擁有韌性、保有驕傲和與眾不同的價值，並為他連結身心障礙社群。

所以我告訴護理師，我們不想接受檢測，我們不會篩選胚胎。我說：「身心障礙是人類變異的一部分。」

她的回應是俯身越過桌子抓住安的手，看著她的眼睛說：「但這是妳的選擇，這是妳想要的嗎？」

可想見她覺得我對安有不當的影響，讓安決定不要檢測，而她必須幫助安知道還來得及選擇。在那一刻，我想，假如是我的身體——我這副外顯肢體障礙的身體——懷了我們的孩子，診所還會再施加多少壓力要我們做篩檢？人們害怕身心障礙者生育，因為我們可能創造身心障礙孩子。身心障礙者，如酷兒和其他不合常態的身分認同，不只被尋求複製「常態」的社會視為「他者」，更是「次等」的。人們長期阻撓或禁止身心障礙者、酷兒、跨性別者、有色人種生育，因為恐懼我們玷汙人類血源。大家假定人應該避免身心障礙者的經驗，而且身心障礙者應以自己與眾不同為恥。

我在二十歲出頭時偶然認識了「身心障礙社會模式」[12]，為此永遠心懷感激——這個模式說明了身心障礙不等於這些負面的假設與刻板印象，而是人權議題。在社會模式下，身心障礙變成一種身分認同，當你說「我是身心障礙者」，就是在說「我屬於一個受壓迫的群體，為我的人權而奮鬥！」我在這裡使用「身心障礙」一詞是要重新定義，不是在貶低或詆毀，而是要解釋我是因為這無法通行的社會及他人對身心障礙的態度或刻板印象才失能、處於劣勢，而不是因為我的身心與社會規定的「常態」相異。

身心障礙是人類變異的一部分，或者說是多元性的其中一面，但醫療產業通常不這麼看，而我們為了嘗試生小孩，正進入這個價值高達數十億美元的試管嬰兒產業。我是政治活躍而驕傲的

10 戴薩克斯症（Tay-Sachs disease），又稱家族性黑矇性癡呆。

11 透納氏症（Turner Syndrome），是在X染色體上出現變異；柯林菲特氏症（Klinefelter's Syndrome），則多一條X染色體。後文的X染色體脆折症（fragile X syndrome），則為一種遺傳性智能障礙，主要在X染色體長臂末端有個脆弱的斷點且呈現斷裂現象而命名。

12 身心障礙社會模式（Social Model of Disability），是相對於主流的「身心障礙醫學模式」的詞彙，確定了系統性障礙、貶損態度、社會排斥（有意或無意），是使得障礙者難以或不可能獲得其有價值的能力方法。

身心障礙者，身心障礙被視為「錯誤」、被視為應該（由診所收費）篩掉的東西，讓我大受衝擊。

• • •

幾星期之後，我們去參加一場為想要受孕的LGBTIQA+夥伴所辦的說明會，由一位試管嬰兒專家簡報目前可提供的服務。有人詢問如何預防寶寶有身心障礙，我當時就坐在發問者旁邊。我感受到會場中大家發自內心的恐懼：在討論篩選方案時，沒有一個人看我。我就是那個如果他們沒有盡可能預防、消滅、檢測、中止任何被視為「異常」的東西，就可能發生在他們未來孩子身上的糟糕結果。我感覺自己似乎隱形了，同時又超級顯眼。

當晚，我和安躺在床上談到那一刻有多麼恐怖——她身為我的伴侶也有同感。我們自問當時為什麼保持沉默、我們其實可以說哪些話挑戰那段對話中的敘事——還有，是什麼阻止了我們？我們的結論是，我們沒有發聲是因為很容易變成一場爭論，但我們已不覺得現場是個安全的空間。對所有人來說，考慮生養孩子及研究用哪些方式來辦到都是容易激起強烈情緒的過程。對身心障礙者而言，這個過程可能因為內化與外在的健全主義而格外沉重。有時候，站出來發聲、或藉由提供別人看待身心障礙的角度挑戰他們的觀點，這麼做讓人感到充滿力量，但也有時候，只會讓人感覺難以承受、精疲力竭且不安全。

• • •

維多利亞州進行試管嬰兒時，必須在生殖醫學機構進行兩次強制諮商，他們再決定是否批准療程。我本來擔心諮商員會問我還沒有答案的問題，例如「你要怎麼在坐輪椅時安全地抱小孩？」但她沒有。她只問我們怎麼建立家庭、為什麼想要小孩，並讓我們看關於捐精後代的紀錄片了解他們的經驗。

諮商員告訴我們，盡早告訴小孩捐精受孕的完整故事很重要，他們才能在知情的狀況下成長，也才不會讓這件事變成一個重大的祕密。我們告訴她，我們打算為未來的小孩製作一本書，請她拿著我們帶來的兩個娃娃一起拍照，準備以後放進書裡。我們請所有醫護人員都這麼做——護理師、胚胎學家、安醫師——現在我們有了一系列可愛又傻氣的照片，紀錄了我們的旅程。

・・・

兩週以來，每天晚上十一點整，我都在肚子上扎進一根裝滿荷爾蒙的針筒。取卵當天，我們為了一大清早的手術，睡眼惺忪地抵達私立醫院。我從麻醉醒來時，我們的醫生在床邊，神情嚴肅。

她說：「結果不如預期。我不知道原因，有時候就是會這樣。我們只取了三顆卵。」

就我的年紀而言這個數量非常少，使我們無法有很高的成功機率。我放聲哀號。我現在如此渴望擁有這個寶寶，但似乎遙不可及。感覺好像我的身體讓我——和安——失望了。

我們只有一個胚胎達到可植入安體內的階段，但並未成功著床。幾個月後，我們再試了一次。如果這次沒成功，我們只能放棄生小孩的念頭。試管嬰兒每次費用高達一萬一千至一萬五千澳幣，我們負擔不了無數次的嘗試。而且試管療程帶來的情緒如雲霄飛車，令人深深疲憊。療程費用如此高昂，部分原因是我們沒有自己的精子，所以整個體系認為我們是「社會性不孕」，代表我們的第一次療程無法得到全民健保的退款。我告訴醫生，我們沒有睪丸、無法產精，所以應該算「醫療性不孕」的伴侶。她不覺得好笑。

我們在第二次療程取了四顆卵子——其中三顆達到第三天胚胎的等級，接著每個月植入一顆到安體內。我們進行到只剩最後一顆胚胎。看起來「最健康、最正常」(診所說的）的胚胎最先植入，所以植入最後一顆時，大家都不抱太大希望。

我收到安的簡訊時正在開會：「如果把驗孕棒傾斜到某個角度，同時瞇起眼睛，我覺得我看得到第二條線。我正在進城找你的路上，你可以告訴我你是不是也看得到。」

我們在墨爾本一個繁忙的街角碰面，安從手提包裡拿出驗孕棒時，行人和汽車從我們身旁呼嘯而過。如果把驗孕棒轉向某個角度再仔細看，大概可以看到那淺到不能再淺的第二條線。我們只能等隔天再驗一次。

隔天早上我們擠進廁所抱在一起。第二條線出現，而且顏色深了一點。安去抽血驗孕，我們焦急地等診所來電。那天，電話很晚才打來，我們馬上假定這是個壞兆頭——結果卻是好消息。

最後一顆胚胎讓我們懷孕了。

・・・

好巧不巧，我們懷孕時正遇上澳洲婚姻平權公投，在那段時間建立彩虹家庭既怪異又辛苦。主要新聞平台都播送著保守派恐同和恐跨性別的觀點。一天中午，我坐著輪椅經過費茲洛依區的偏僻街道，就這麼哭了起來。我不是愛哭的人，我童年有多年都在極度痛苦的醫療介入中度過，這表示我懂得忍住淚水。而且我擔心在公共場合哭泣，會被陌生人解讀為我是為自己的身心障礙哭泣。所以當我坐在輪椅上哭，可見這個時期恐同和恐跨的情緒對我們許多人的影響多大。我邊哭時也想著，我們的孩子因為雙親的身分，也將必須花時間克服健全主義、恐同、恐跨，而我希望我的教養能使他在面對這些時保有韌性。

全國百分之六十一點六的人支持修改《婚姻法》，使澳洲同性婚姻合法化。這代表還有許多人不認為LGBTIQA+族群值得平等權利。投票結果公布時我和安剛好在我的家鄉度假。大家欣喜若狂，準備開派對慶祝。儘管我們很欣慰法案通過，但幾個月來，我們的身分認同和權益、我們是否應該獲准養育小孩，都受到激辯，這也讓我們精疲力竭，用五味雜陳來形容一點也不誇張。

・・・

我們親切的酷兒家庭醫生推薦了一位婦產科醫生，我們興奮地去做十週的超音波掃描。我緊握著安的手，在我們的小寶貝在螢幕上扭來扭去時，聽著他砰、砰、砰的心跳聲。照完超音波之後，醫生說她在我們的檔案上看到我們還沒做任何基因篩檢，她想請我們放心，現在做各種障礙的篩檢都還不遲。她把一本手冊放在桌上推向我們，上面列出所有可篩檢的項目——唐氏症、脊髓性肌肉萎縮症、囊狀纖維化。

「你們知道這些是什麼疾病嗎？」她問。

「知道，我有些朋友是病友。」我回答。

我們的婦產科醫師問：「他們還活著嗎？」

「對。事實上，他們過著幸福美滿的生活。」我回道。

顯然，她看待這些患者的眼光只有一種，以為這些寶寶都會早逝，或者他們的生命應該終結。

進行十二週的掃描時，放射科醫師數了手指頭和腳趾頭，開心地告訴我們：「沒問題，手指頭和腳趾頭都沒有缺。」

「其實我們不在乎她是不是少了幾根指頭。」我回道。我想起一位傑出獨特的朋友，她出生時帶著一隻手和一條腿，她以後可以教導我的孩子，如何以那些缺少的數目為傲。

放射科醫師只能傻眼看著我。

• • •

二十週掃描時，放射科醫師沒事先跟我們確認就對寶寶進行了測量。我們本來以為那只是標準流程，直到她宣布：「寶寶看起來很正常，沒有唐氏症或脊柱裂的跡象。」

• • •

我捍衛選擇權[13]，深信人應該擁有生育的自由，並能選擇終止妊娠。我也知道身心障礙被視為負面經驗、沉重的負擔，被視為是應該篩檢並終止的東西；當你不進行篩檢或終止，人們假定這是個無知的選擇。我和安希望在寶寶出生前不要知道她有沒有任何身心障礙，醫護專業人員本來應該予以支持。

就連安臨盆之際，助產士讀過我們的檔案，還在產房問我們為什麼沒有做唐氏症篩檢。我們必須為自己的選擇辯護，這持續不斷的壓力把我們累壞了，這些互動也凸顯出人們對身心障礙的成見，以及身心障礙者的價值如何遭到預設。

和許多準父母一樣，在小孩出生前，我對於想教她什麼或和她共享哪些經驗想了很多。我想讓她知道身心障礙不是壞事，只是人類變異中自然的一部分。在她還很小、脖子需要隨時撐住的新生兒時期，我試過各種嬰兒背巾，希望找到合適的方法背著她坐輪椅，但都行不通。這些背巾

13 捍衛選擇權（pro-choice），即支持人工流產為合法權利。對立面為反對派主張的「捍衛生命權」(pro-life)。

過度拉扯我的肌肉，使我更加疼痛，她注意到我不舒服，開始哭個不停。我真希望在她出生前就申請到電動輪椅——我花了十個月才得到目前這台，這十個月間都無法單獨帶她外出。沒有電動輪椅，我無法抱著她在家附近走動。

她現在三歲了，剛開始上每週一天半的幼兒園；她有我們之外的朋友圈，也有我們的酷兒小圈子。我開始去她的幼兒園讀有LGBTIQA+家庭和身心障礙角色的書給孩子聽。孩子看到我的輪椅很感興趣，書本則是讓他們與之有所連結和了解的重要管道。

我們不是生來就帶有偏見，而是透過學習而來。我們需要提供孩子他們能夠認同的多元代表人物，並將多元性詮釋成讓他們感到喜樂與驕傲，而非讓他們引以為恥的事物。我和伴侶把酷兒家長的角色發揮到極致，我們加入幼兒園委員會（酷兒最愛委員會了），協助幼兒園發展未來十年的計畫，希望我們可以將對LGBTIQA+的接納和對身心障礙的理解融入這裡的文化。我本身以中性的英文代名詞「they/them」自稱，認同自己為非二元性別，所以為小孩、教育工作者、家長團體增進關於多元性別的知能，讓我覺得自己和當地社群有所連結並受到理解。我的小孩在那個階段遇到所有人會交替使用他「he」、她「she」、中性代名詞「they」，她不太明白為什麼當她假定其他小孩是某個性別時，一些人似乎感到冒犯。

現在，她有很多時間都坐在我的大腿上，乘著輪椅在家裡或外面的世界漫遊。她喜愛坐輪椅經過石子路或秋天落葉時嘎吱作響的感覺。她知道找一座合適的山坡，我們一起溜下來的樂趣。

賈克斯・傑基・布朗
Jax Jacki Brown

她近距離體驗身心障礙，知道以不同的方式在這世界移動的喜樂，而且她不認為這是壞事或代表不如別人：這只是我——她的家長——生活的方式。

有時候，我還是擔心我的孩子必須克服各種隱微或沒那麼隱微的恐同、恐跨或健全主義，但我們盡全力教她以自己和自己的家庭為傲，以及保有韌性。我們周圍有許多了不起的酷兒和跨性別者、激進的身心障礙者，所以她知道主流之外的價值。

最近她畫了我——一個圓圈，加上幾隻火柴人的手腳從上面伸出來——接著她問：「那你的輪椅呢？」

然後，她第一次畫了我的輪椅。

賈克斯・傑基・布朗，澳大利亞動位動章授動人，身心障礙與LGBTIQA+社運工作者、作家、教育工作者，作品曾發表在《酷兒身心障礙人類學》《酷兒故事：關於好好活著的思考——來自澳洲最佳的LGBTIQA+作家》《親屬：十二個酷兒#LoveOzYA故事》《酷兒的澳洲成長記事》。賈克斯對於我們能怎樣為身心障礙者培養韌性、注入驕傲與打造社群深感興趣。

雷內・巴克—穆赫蘭——取自與伊麗莎・赫爾的訪談
Renay Barker-Mulholland

我是驕傲的布瑞皮—戴蓋提原住民女性，在新南威爾斯州阿米代爾的大家庭圍繞下長大。我是作家，也是母親，兩者都是我從小就想達成的目標。我九歲時在一份學校作業寫下我的人生故事——表達了我對未來的想法與盼望，我寫到我想「活到老，和我所有的小孩及很多寵物一起住在大房子裡」。

我十八歲時確診多囊性卵巢症候群，當時，醫生告訴我若沒有醫療介入，我沒辦法生小孩，也可能要花很長的時間受孕。我大受打擊。我一向想當母親，不願放棄夢想。

我在少女時期認識了我的伴侶傑伊。我們原本是朋友，對彼此的感覺慢慢發展，幾年後成了情侶。我和傑伊正式交往幾個星期後，我就告訴他我的夢想是當母親。我給他下了最後通牒：他必須願意盡快嘗試生小孩，否則我們無法繼續交往。他沒有因為我這樣宣布而不知所措或拖延不面對，反而在幾個月後就和我一起踏出下一步。

但生命忽然出現了戲劇性的變化——母親為了要移除動脈瘤而動了腦部手術。她的手術成功，但手術後卻因為中風而半身行動困難。我變成她的全職照顧者，花所有時間幫助她適應新生活。

接下來幾年我們和我母親同住。我的狀況穩定之後，我和傑伊決定開始嘗試懷孕。儘管醫生曾那樣說，但我們只花了六個月就懷上第一胎。我發現自己懷孕時欣喜若狂——我的夢想成真了。

在那之前幾年，我得了ＥＢ病毒[14]，後來很長一段時間，我持續感到疼痛、疲倦、肌肉無力。我總是聽別人說，這些症狀只要減重或做肌力訓練就會消失，但情況依舊，我在孕期更開始注意到自己浮腫得多麼厲害。由於那是我的第一胎，我不大知道該預期什麼事、或什麼情況算是不正常。隨著孕程進展，我愈來愈不舒服。在一次產檢時，我的產科醫生開始與我討論如果需要剖腹產該怎麼因應。他推了推我的脊椎，我抖了一下（那一直是我身上特別敏感的區域），他倒退一步，向我宣告：「妳的脊椎很弱，根本完全沒有力量。」當時，我還不清楚該怎麼看待這件事，所以我直接忽略他說的話，繼續關注即將來臨的寶寶。我專心致志，腦袋裡沒有空間容納其他事情，只能全心想著我們的寶寶。

我們可愛的兒子罕醉克斯在二〇〇八年夏天的一場熱浪中誕生。生產時，罕醉克斯的胎心音不穩，最後我需要緊急剖腹產。不用說也知道，生產過程對我們兩人都帶來很大的壓力，更何況他在出生約一小時後，還開始皮膚發青和咳嗽。他沒辦法喝奶或吞嚥，於是被送去新生兒加護病房，生命中的頭幾個月都待在那裡。幾乎每一位皇家兒童醫院的醫生都來向我們說明他們怎麼看這種狀況的成因，但沒有一個人能解決，最後，罕醉克斯回家時插著鼻胃管，還得繼續許多醫療措施。

那段時間壓力奇大無比。我在罕醉克斯大約六個月時得到產後憂鬱症的診斷。受到支持和承認，讓我鬆了一口氣。我知道當時的感覺不僅僅是出於擔憂孩子。我尋求傑伊的支援，但我覺得他當時情緒狀態無法與我共鳴。他看起來非常疏離——不願關心情緒，而是進入更實際的「解決問題」模式。他的反應和我很不一樣，我感到失落孤單，也非常困惑。傑伊是我認識最慈悲的男人——為什麼他的反應不如我的期待？

傑伊後來被診斷有自閉症和注意力不足過動症，在我聽過傑伊的看法並思考我們兩人的關係樣貌之後，對此並不意外。我們兩個都突然醒悟，這樣就合理了，一切豁然開朗。發現傑伊的神經多樣性使我們更堅強、感情更好，我也比之前更理解他。

我們終於把罕醉克斯帶回家之後，我的疼痛和疲倦持續惡化。但忙碌瑣碎的育兒生活和照顧母親的工作，加上後來決定生第二胎，使得我暫時不去探究身體的不適，打算延後處理。我事後回頭看才明白我在這個生命階段多麼忽略自己。我是照顧者，我不輕忽這個角色；我完全專注在照顧寶寶和母親上，把自己的健康需求擺在一邊。

14 又稱第四型人類皰疹病毒，感染過後會潛伏在體內，於免疫力下降時再次出現症狀。

我的第二胎伊萊晚罕醉克斯五年出生。那幾年，疼痛與疾病如影隨形，每次劇烈發作就讓我殘廢幾天。但伊萊出生後幾個月，我的健康快速惡化。他出生兩年後，母親過世，僅享年五十四歲。母親與病魔對抗的過程及這麼早就失去她，使我心中的火花重新燃起，想為自己尋求答案。經過幾年的尋找，一份驗血報告給了我解答。

我最終找到一位醫生給了我僵直性脊椎炎的診斷，這種發炎性疾病影響我的關節，導致關節疼痛、僵硬無力。我也得到纖維肌痛症的診斷，它造成肌肉骨骼疼痛、疲倦，以及睡眠、記憶、情緒方面的問題。這些診斷使我看清狀況，我對健康狀況的長期疑問有了解答。我感到踏實，卻也非常害怕。醫生告訴我他不知道我以後會怎麼樣——這些疾病未來會如何影響我——真是非常難熬。

那次門診之後，我坐在車裡哭泣，心中被不斷冒出的疑問轟炸：「我的孩子會怎麼樣？」、「我要怎樣才能應付得來？」、「如果病情惡化，我不能再照顧小孩怎麼辦？」我這輩子聽過許多故事，知道以前的人用比這更站不住腳的藉口，把澳洲原住民的孩子從家中帶走（偷走）。

雖然花了數星期，但一陣子之後，我漸漸放寬心。長久以來，我一直掙扎於難以完成身為母親必須實踐的事情。一切都很困難，榨乾了我的精力——找到原因終於讓我解放。負向的自我對話（我太懶散、動機不足、是個壞母親）開始消失，因為我知道阻礙我的是缺乏支持，而非我有道德上的缺陷。此時，我正式展開一段旅程，開始認同自己是身心障礙者並引以為傲。

從小到大，我家一直迴避「身心障礙」一詞——把它視為可怕之物。母親是極為獨立的人，她的影響使我深信我只要不夠努力就無法達成任何目標。對她來說，求助就表示軟弱。母親展現反抗的極致行動是在腦部手術和中風二十四小時後就（違背醫囑）離開醫院——儘管她的右半身癱瘓。她就是這麼強悍的獨立女性，也對此引以為傲。母親無疑是個身心障礙者，但她絕對不會承認。

父親是個驕傲的原住民，我們族群所受的創傷對他有很大的影響。對澳洲原住民而言，承認自己無法調適或需要幫助，就會被迫與家人分離——每個人都不計代價避免這種事。父親從未說過「身心障礙」一詞，更別提自認是身心障礙者。我十六歲時，父親也曾在陷入昏迷幾週後中風。中風使他在生命最後幾年下半身無法行動。他顯然是個身心障礙者，但沒有人在他面前用過這個詞。我不認為我們族語裡有特定一個詞用來表示「身心障礙」。不過，我知道我們族人當中流傳著一些有教育意義的故事，內容與外表不同或身體殘缺的人有關，但在故事中並不界定這些特徵的好壞。

我已確診並接受治療幾年，儘管花了一些時間，但我現在以自己的障礙為傲；這已變成我的自我認同當中很大的一部分，我也一直這樣教導孩子。我變得更常為自己和其他人發聲與爭取權益。孩子會聽到我用「身心障礙」、「身心障礙者」、「身心障礙驕傲」這些詞；我們家也愈來愈常討論這個世界還有哪些部分並未達到無障礙的標準。

現在，我也使用輪椅一陣子了。第一次使用行動輔具是件大事。我不覺得羞恥，但我知道別人會因為看到輪椅而對我的能力有所誤解。我是坐著或是站著，可以快速改變別人對於我辦得到或辦不到哪些事情的假設與刻板印象，尤其是在育兒方面。

雖然伊萊還很小，他已注意到我行動不便，所以他總是緊跟在我身邊，不會跑遠——這在學步兒身上很少見。我最大的挑戰之一是活動時處處受限。身為身障母親，我遇過許多歧視。有一次特別不愉快，當時我送罕醉克斯去課後照顧班。我們到了那裡，輪椅完全無法通行。我克服了其他所有障礙——比如疲倦、焦慮和隨兩者而來的問題——才能送他去那裡，但終究因為沒有無障礙設施而止步。我真是生氣——這個世界再次在我面前關上門。而這並不罕見——身障者幾乎每次轉彎都是這個感覺。

全國殘障保險計劃實施之前，我已透過地方政府的計畫獲得第一張輪椅。這張輪椅只適合在室內平地移動，不管外出到哪裡，都很難在不同地勢順暢通行。我總害怕摔出去，或卡在排水溝上不去路面。這嚴重阻礙了我成為自己心中理想的母親模樣。

我的孩子現在比較大了；罕醉克斯十三歲、伊萊七歲。這些年來，當個身心障礙母親最難的一直都是他人的觀感、眼光和無止盡的質疑。傑伊除了是我的丈夫，也是我全天候的照顧者。我們一起出去時，別人常讚揚他是多麼了不起的父親與丈夫。這聽起來是種明顯的暗示，他們認為我是個包袱，他不可能出於自願選擇跟我們牽扯在一起。

傑伊確實是不可思議的伴侶與父親：他有耐性、幽默、強烈的慈悲心。身為身障母親，我必須接受我的限制。我並非總是能幫小孩穿衣服或盥洗。我沒辦法幫他們穿鞋子或綁鞋帶。我也需要來自社區的大量支持，尤其在溝通方面，因為有時候我無法清楚傳達想說的話。

我已經很努力為我的孩子保持平衡，不讓照顧我成為他們的重擔。我認為照顧他人能幫助他們學會生活技能，這些技能最終將幫助他們變得獨立——但他們永遠都有選擇。我不會依賴他們照顧我。

有個身障母親不全是壞事。我的小孩從中學到很多：其一是耐心。他們知道母親有時候沒辦法去公園。他們知道，有時候因為母親的疼痛或疲倦，他們必須等待才能做某件事，但不代表永遠不會實現。在小時候就學會面對失望與計畫臨時改變，大大提高了他們的情緒韌性。無障礙需求在我們家是個尋常話題，我的孩子都是善良而有同理心的人。我鼓勵他們討論這件事，因為這是在幫助他們更了解身心障礙並消除污名化。長期以來，我很怕占用空間，但現在我已經有力量以澳洲原住民身障者的身分為自己爭取一席之地。

當我做個驕傲的身心障礙者，我就是在打破刻板印象。我在對抗人們對身心障礙父母的成見，並養育我的孩子成為社區裡的倡議者與領導人。

Yaama[15]，我名叫雷內。我是驕傲的布瑞皮—戴蓋提女性，和家人住在華達屋盧族原民區。我是身心障礙者，同時患有使我行動受限的疾病、慢性疼痛、心理社會疾患。我是母親、作家、藝術家、堅定的多元交織性[16]女性主義者。

15 澳洲原住民招呼語之一，類似「哈囉」。

16 多元交織性（intersectional），或稱為交叉性，是一個理論框架，用於理解由多個個人身分的組合所引起的特殊歧視和壓迫。

潔辛塔・帕森斯
Jacinta Parsons

他們在燈光下將他高高抱起，他看起來超凡脫俗。我們有張那一刻的照片。他看起來彷彿從天堂下凡。他被高舉在空中，灰色的肉身浮腫，小小的身軀上黏著血絲，以刺眼的金屬手術室為背景，一道金色的光芒照在他身上（像國王一樣），彷彿他是我們贏得的獎盃。他在這裡，從我們體內生出的美麗孩子。

我常看著那張照片，希望人生可以更常像這樣。希望我們可以按下暫停鍵，等一下下。停在那裡，靜止不動。如果可以停下所有動作和聲音，讓我們沉浸在時間之流裡這些完美的組合當中，該有多麼美好。

每個孩子誕生在世上的時刻都該像這樣。一個奇蹟。孩子應該永遠沐浴在完美的光芒之下，像獎盃一樣被高舉在空中。但生活中的創傷常破壞奇蹟，使我們難以看清楚它的存在。

照片的另一端，是我在那裡。恐慌、顫抖、因流竄在我血液中的熾烈恐懼而冒汗。從那張照片看不出他生自一副不完美、不健康的身體。在我們正擔心他無法平安出世時，我的疾病在關鍵時刻將他釋出。幾個月前，我的膚色發黃，之後我幾乎每天都去醫院監測胎心音與驗血，確保他還活著。

我的頭和在我腹部上磨練的手術刀之間隔著一道簾幕，我的外科醫生從簾幕上面看過來。「妳不能再生小孩了。這次算妳幸運。我們差點就要切除腸子了。」

「謝謝。」我悄聲回應，我很驚訝他選這個時間點告訴我。但我不想小題大作。我的身體還敞開，我一心只希望他結束那令人難以忍受、又拉又縫的動作。我極為害怕，身體相當焦慮緊繃，以至於任何一丁點感覺——就算已經打了硬脊膜外麻醉——都如刀割一般。

他們把寶寶放在我的胸口，就像我在生產資料上看過的那樣。但恐慌襲來，我很不舒服。我感覺和他之間隔著巨大鴻溝，不是別人告訴你生產後會有的感覺。我不知道要怎樣跨越那道鴻溝。我不想這樣。我想褪去軀殼逃跑。我希望抱著他的是從他出生第一刻就能好好愛他的人。將這個生命帶到世上的驚恐使我徹底精疲力竭，感覺透明赤裸。

這是我第二次站在生與死的十字路口。生與死之間距離最近之處，就是生產。

• • •

身心障礙者或慢性病患者為人父母遇到的第一個難題，就是要能夠成為父母。我的身體在懷孕時變得極不可靠，把我嚇壞了。想到要透過使我如此痛苦的身體把生命帶到世上，我簡直無法忍受。

我已漸漸習慣我的病體帶來的威脅——疼痛、脆弱、因為身體功能不佳而必須面對我終將死亡的現實。我有克隆氏症，使我的肛門周邊與陰道形成瘻管，現在有一個迴腸造口袋。

想到這副身體可能將負責製造另一個生命，使我難以承受。我因這任務之艱鉅而喘不過氣。想到要用狀況惡劣的身體容納一個孩子，我感到哀傷。如果我的身體不能懷孕呢？還有更糟的，如果我能懷孕，但身體狀況不足以確保孩子平安出世呢？我為過去的人生感到哀傷，在生病前我視為理所當然，對於我們實際上的脆弱一無所知。

我也為自己毀掉其他人的夢想而感到哀傷。我的伴侶、他的家人、我的家人的夢想，還有那個以為自己有一天將當母親的小女孩的夢想。都是我的錯。

罪惡感與哀傷混在一起，像個骯髒的泥水坑——沒辦法將它分別看清楚。身體不健康帶來的失望感將我淹沒。不只因為我的需求徹底改變，生活變得困難，更因為我因身為女人而被賦予的神奇力量——承載一條新生命——現在看來遙不可及。

剛發現我有克隆氏症時，對著幫我下診斷的年輕醫師，我的第一個問題就是針對生育能力。「呃，妳沒有明確不能生育的理由。」他當時這樣回答。但他沒能告訴我，慢性病有自己的生命。慢性病會用各種美妙奇特的方式任意變化。他應該對我說，他沒辦法告訴我會發生什麼事。疾病使預測變得不可能。

• • •

我們的第一胎能受孕非常神奇。嘗試懷孕多年之後，我們意識到我的病這麼重，大概很難成功。於是我們開始思考如果沒有孩子會怎麼樣。或者，我們是不是可能嘗試不同的療程？領養？當寄養家庭？

但不知怎的，在我病情最嚴重、正在進行雞尾酒療法的時期，我們發現有個小生命找上了我們。我們先是欣喜無比，之後轉為恐懼，暗暗祈求我的疾病不會造成併發症，可以平安生下孩子。「噓──」我記得自己心想，「別太招搖。不要讓別人注意到我們贏了大獎。」我好害怕孩子被奪走。

初次懷孕那接近九個月的時間，我們彷彿每天都踮著腳尖走路，不太敢去感受可能擁有她的興奮。

我在醫院有產科醫師，也有腸胃外科醫師的支援，但寶寶決定提早報到──那是個連假週末，所有預備接生的醫生都不在。

一切發生得好快。我忽然就身在手術室，麻醉醫師判斷我生產時要接受全身麻醉。我還記得自己在陌生人圍繞下入睡，一邊拜託手術室裡的每個人盡全力幫忙。就好像我的懇求可以讓他們更在乎我們的生死。在離開意識世界時知道醒來將面對一個結果，卻無法控制過程，感覺真奇怪。

麻醉醫師答應我會在我的手上寫下發生什麼事。孩子是男是女，還有出生時間。我一醒來就舉起顫抖的手，好用昏沉的雙眼讀手上的字：「下午八點四十九分　女孩。」

那些字讓我徹底崩潰。我在整趟旅程中太努力保持冷靜。她平安出生時我不在場，這件事幾乎把我壓垮。我們辦到了。我們贏了這座冠軍獎盃。但我的內在也有某個東西因而破碎，我到現在都不確定是否已經修復。

帶她回家後，我認為我沒辦法再生小孩了。我被嚇壞了。我覺得無法再自由地愛。要付出我的愛太危險了，因為我發自內心感覺自己可能面臨失去。

・・・

我第二次懷孕和第一次相隔八年，當時仍因前次生產經歷而承受某種創傷。在我兒子出生前的幾個月，我因肝臟疾病而身體不適，每天進出醫院。

我的健康一路出狀況，到了這個地步，我害怕第二次生產勢必也難以按照計畫進行。很奇怪地，診斷出肝臟疾病讓我稍微鬆了口氣。知道問題所在之後，我終於可以呼吸了。我知道這一次到底在面對什麼。

他出生第一刻他們就將他放到我胸口上，在那之前，我想我在努力逃離我的軀體，實在太痛了。疾病與威脅終於沉重得難以克服。生孩子的責任太過重大，我無法放心交付給這副破碎的形體。

所以當他終於出生，我難以理解我們竟然母子均安。我必須提醒自己他沒事，我現在可以放鬆了。但這花了我很長一段時間。我在他出生後哭了幾個星期。

對我來說，為人母讓我毫無防備地面對自己的疾病，讓我最深的恐懼暴露出來，這些恐懼通常被深藏在表象之下。為人母代表這些恐懼在我體內浮現，我不能再忽略。

我們全家都因為我帶著慢性病生育而得有所調整。儘管疾病帶來劇烈疼痛，卻也是我育兒寶典裡最棒的工具。

我清楚記得養育老大的頭幾年，她對我有多失望。我常常累到不能陪她玩。我不能坐太久、站太久，一定要休息。我找藉口玩可以讓我躺在沙發上的遊戲。我有時候拜託她在我床上玩。

一天下午，她很生氣地來找我。她當時還很小，但顯然覺得我應該多做些事讓病情好轉。我躺在床上，她湊近我的臉，開始拉我的手臂。

「可以起來嗎？」她要求。

「寶貝，抱歉，我身體不舒服。等一下吧。」我求她。

她的怒氣上升，繼續拉我的手臂。「媽媽，起來！」她喊道。「妳為什麼不去看醫生治病？」她對我大叫。「妳為什麼不能吃點藥就好了？」她衝出房間，氣她做什麼都不能讓我動起來。我躺在那裡想她是對是錯。或許我沒有做到我該做的每件事。或許一直躺著是我的錯。我很懶嗎？我自問。

許多父母都對自己的育兒方式懷有罪惡感。感覺孩子承受了你的壞決策，為此你將負上責任。多數父母——尤其在新手階段——疑惑自己是否該付出更多、減少工作、更常陪孩子騎腳踏車、做更多黏土。但生病加深了這種恐懼。因為你不是自己想像中可能成為的那種父母，所有焦慮都放大了。你大概不是自己希望成為的那種父母。你又累又痛，你的理智更加容易斷線。當孩子像我女兒那天那樣看著你，你心中有很大一部分覺得她是對的。你讓孩子失望了。

要向一個孩子解釋我沒辦法好起來真的很難。至少沒辦法靠著我吃的藥和我目前動過的手術好起來。你要怎麼向一個孩子解釋，有時候疾病永遠不會離開、可能成為你的一部分？

我在網路上搜尋答案。但找不到任何資源可以幫助我解釋，自己的父母有慢性病會是什麼情況。網路上有很多關於癌症和如何解釋絕症的資訊，但無法幫助我找到適合的語句來向她解釋，我生病了，我們將活在疾病中。

我意識到她看不到我怎麼控制病情。儘管她看過我住院，也不是很能明白。她不知道我一直都固定就診，一直努力和這個疾病共存。她無法想像我生活的世界，因為她沒有真的看見。

我決定向她詳細介紹照顧我的醫生。我告訴幾位她醫生的名字和長相。我向她仔細說明他們工作的地點、我去哪家醫院見他們。我解釋診間裡的模樣，還有我在那裡做的所有事情。驗血、有時候進行掃描、量體重。我告訴她，他們人很好，對我很照顧。雖然我又累又痛，生病部分定義了我是誰，但沒有關係。

隨著歲月流逝，她漸漸長大，我們開始談論生病教會我什麼、還會繼續教導我什麼。疾病如何讓我看到自己的堅強。疾病如何為我開啟更廣大的世界，要不是生病，我不會明白那些事情。我也向她解釋，就算我有選擇，我也不會選擇不要生病。現在，疾病就等於我是誰。

我們全家都知道，我們因不完美而完美，也沒有所謂的「正常」。我和他們姊弟一起生活的這些年，一直都對他們坦承，這有時候很困難。我確保自己不對他們隱瞞這點，因為他們總能看到我最終再次振作起來。如果你在內心深處知道自己終將有辦法站起來，倒下不必然令人害怕。

我們也已經學到，我們對每個時刻都不能妄下評斷——我們不知道我們注定度過的生活將帶來什麼。寶藏常常藏在最意想不到的地方。

我努力擺脫內心那個說我因生病而不如人的聲音，說我不如我若沒生病而可能成為的母親。我的母職由疾病之火鑄造而成。如果你不理解生病的我，就不可能了解身為女人或母親的我。這是是我所知一切的框架，我也希望孩子有一天能理解。

我看見疾病帶給我們家的豐富收穫——深刻的同理心；了解我們在面對改變時必須保持彈性；學著因應挑戰做決定，就算只是小小的選擇；保有耐心；保持善良。

我的孩子也學到，身體可能令人失望，但身體不能完全代表我們是誰。我們也不必害怕疾病將帶我們去哪裡。我們永遠不會知道這趟旅程將可能通往何方。

我的老么遇到人就驕傲地宣告：「告訴你，我媽有慢性病。」彷彿那是我們贏來的大獎。就很多方面來講，我想他是對的。

當我看著他出生那一刻的照片，我想起還有另一端的場景。我活在那另一端。但我現在知道，故事並未結束在那一刻。對我們兩人都不是。那一刻只是某個艱難又美麗瘋狂的事物的開端。我們贏得的大獎則是後來的一切：從他出生之後我們生活的每一刻。不完美，但這就是生命。

潔辛塔・帕森斯是播音員、廣播製作人、作家、演說家，著有回憶錄《無形：慢性病的祕密生命》。她目前主持ＡＢＣ墨爾本廣播電台廣受歡迎的《午後》節目，傳遞藝術、文化與想法。

莉亞・范・波佩爾與班・范・波佩爾——取自與伊麗莎・赫爾的訪談
Leah and Ben Van Poppel

莉亞 我想起那天，感覺還像是昨天。那是二〇一二年一月一個炎熱的夏日午後。我在墨爾本南部的克萊頓，到我朋友新遷入的合租公寓找她。在她的ＩＫＥＡ家具和看起來像來自一九八〇年代組合式教室的藍色地毯中間，他就在那裡。我馬上知道我喜歡他。他的名字叫做班——聰明、幽默、能逗我開心。從那時開始，我常常找藉口去找朋友，只為了跟他相處。我們花愈來愈多時間在一起，友誼演變為戀愛。身為兩個盲人，或許我們注定相遇。有時候我開玩笑地稱之為盲人幫——視障者有個緊密的社群——通常只隔幾位中間人，就可以連結起兩個互不相識的盲人。某種程度上，這就像住在一個鄉下小鎮，只是大家分散全國各地。

班 我當時三十一歲，剛從特拉拉岡搬到墨爾本讀法律。我需要一位室友，很幸運地，我找到的是莉亞的朋友。我們開始約會，只過了九個月就決定同居。我們在二〇一四年結婚。速度很快——但當你知道自己遇到對的人，你就是知道。

我一直都希望自己有天能有小孩。成長過程中，家人的朋友說過一些話，明確顯示他們假定我不可能有小孩。但我的家人始終對此保持良好的中性態度。

莉亞 我來自單親家庭，母親對於我要不要生小孩，心態一直非常開放。她從未假定我做得到或做不到哪些事情。她可能會暗自擔心，但從未表現出來。我和班都認識其她有小孩的盲人，感覺生小孩是可能的。但我不想太早生子，我以事業為第一優先——我一直都有熱中的工作。但我覺得未來某天會有小孩，或至少我這麼希望。我們開始討論這個想法時，兩人都還很迷惘而不確定。我們花了很長一段時間才決定生小孩對兩人是對的選擇。

班 莉亞當時說她希望確定自己在情緒上已經準備好：她不確定自己可以當個好母親，因為她花很多時間在身心障礙人權的倡議事業上。對我來說，最優先的是安頓感，經濟穩定。一旦莉亞有穩定工作，我大學畢業後事業順利起飛，就可以開始思考生小孩的事情。

莉亞 我們嘗試懷孕多年，不幸在二〇一七年流產了一次。這個經驗讓我初次體驗到嘗試生小孩的身心障礙者在醫療體系中會嘗到什麼。我還記得失去寶寶那天的情景：我們很害怕，必須叫救護車去醫院。輔助醫護人員進來家裡，看到我的導盲犬麗莎，馬上說：「妳不能帶狗上救護車。」我和班幾乎同聲說：「不行，我們要帶。」他們繼續跟我們爭論，我們請他們打給救護車中心向主管確認。他們互望一眼說：「就算我們帶狗出發，醫院也不會讓她進去。」我們知道這絕對不是實話。

班 救護車停在車道上，莉亞被縛好送進車裡，我被迫手忙腳亂地打電話找人來帶麗莎，反而沒辦法照顧我妻子。工作犬不能與領犬員分離——麗莎平常二十四小時都和莉亞在一起。我猜救護車司機以為我們把她留在後院就好，但這對導盲犬來說打擊實在太大了。

經過這些，我們充分做好心理準備，到了醫院裡要對任何不恰當的話語有所警覺。我們抵達醫院，我逐漸感覺到我們不完全被視為成人，其他人有點試圖禁止我們去做成人才能做的事。

莉亞 我心想：如果只是需要去醫院就這麼困難，真的當父母會怎麼樣？在醫療體系裡生小孩會是怎麼樣？這次經驗太糟糕了。我們一到醫院，就有一位年長護士冷漠地說：「有人告訴妳孩子已經沒了嗎？」她接下來使出的手段是：「你們在家都還好嗎，平常有什麼問題嗎？」我們說：「謝謝，我們沒事。」一切都發生在我躺在病床上，疼痛又流著血的時候。我一直向她要產褥墊，她一直說：「好，好，我們會給妳。」但沒有任何護士拿來。班因為視障而無法走過醫院的巨大迷宮到護理站幫我要產褥墊，我也動彈不得。一個小時後，那位護士終於拿了一片給我，一邊咕噥道：「我們希望你們見一位社工。」我們很不安，但同意了。

我們在恐懼中等了幾小時，擔心在流產時怎麼有辦法和社工對話。幸好這位社工很棒。她很快就搞清楚我們在家擁有所需的支持，生活運作良好。然後她說：「那麼，你們需要什麼呢？」班回答：「嗯，我昨晚半夜兩點回家，早上七點起床後直接來到這裡。我都沒睡，也沒喝咖啡。我沒辦法在醫院裡走動，買不了咖啡。」她人很好，跑去拿來她能找到最濃、最大杯的咖啡。

這次流產過後，我們去了一趟日本旅行療傷。我把頭髮染成藍色，我們花很多時間深談。我們在這次旅程中復原，於是可以再開始嘗試懷孕。

兩年後，我們二度懷孕了。這次我們決定走私立醫院系統。我們的產科醫師很棒，作風合理；有個可以信任的對象很美好。我們選擇私立醫院的原因之一，是我們可以面對固定的對象——不必每次都要向新的人重複我們的故事。這次孕程充滿擔憂；儘管我們去的是小型醫院，裡面的人都認識我們，但要放下流產經驗帶來的焦慮還是很困難。

隨著孕程進展，我發現和麗莎的配合愈來愈難。導盲犬和領犬員的配對依據的是走路速度，但我懷孕時走路速度變了——而牠不知道原因。我必須一直要牠慢一點；牠調整好之後，我又更慢了，整個過程反覆來回。

我在狀況好的時候就已經有點難保持平衡，懷孕期間因為重心改變而更糟。

我同時有聽力障礙與視覺障礙。我的自我認同為聾盲人。我處在聾人世界和盲人世界之間。別人會假設這代表你完全看不到、聽不到，但我有些微的視力和聽力，所以對我來說，用「聾盲人」比純粹的「盲人」更精確一點。

十二月十八日凌晨三點，我的羊水破了。我們的寶寶在三十六週又五天出生。我們一到醫院，護士就密切監測我們的情況。早上七點半，婦產科醫師進來說：「我們必須催生。」隨著產程進展，他們一直很難測到寶寶的心跳。我們都很擔心。

突然，就在班去上廁所時，沒有任何預先告知，十個人同時衝進來，包括產科醫師在內。他說：「我們現在就要把孩子生下來。」我被火速送進隔壁的手術室。他們想打硬脊膜外麻醉，但來不及取得，所以決定給我全身麻醉，這表示班不能進來。我不擔心麻醉或手術——身為身心障礙者，我有豐富的手術經驗。我更擔心他們來不及取出寶寶。等於我和班的可愛兒子誕生時，我們兩人都不在場。幾個小時後，我在恢復室醒來，護士告訴我班和寶寶在一起——我大大鬆了一口氣。

班 半小時後，我被叫進手術室；那是我第一次見到兒子。他全身只穿著尿布，正在照熱光，因為他有點冷。莉亞還在手術台上，他們正在為她縫合。兒子是早產兒，所以小兒科醫師迅速護送我和他到特殊照護嬰兒室。護士將他放在照著暖燈的保溫箱裡。他在那裡待了幾天。我還記得小兒科醫師給我寶貝兒子的場景；他一動也不動，像隻臉上帶著氧氣面罩的小鳥。我聽著他的呼吸。他們讓我抱他，我很樂意但也有點困窘，因為他身上插著許多管子。我害怕自己會不小心弄掉那些管子，而無法充分享受當下的喜悅。我真的很怕拉扯到管線而傷了他。

莉亞 我第一次見到兒子麥斯時，還躺在病床上。我被推到特殊照護嬰兒室。由於我躺在床上，離他有一段距離，所以看得不是很清楚。我甚至不能伸手碰他。我帶著手機，可以拍幾張照片回來近看——剛開始，這是我了解他的唯一方法。後來我才能把他從床上抱起來、抱在懷裡緊靠，那感覺真是太神奇了。

最後，我們在醫院裡待了一個星期，因為我們必須等麥斯離開特殊照護病房，才能開始實行護理人員教我們的新手父母技巧。雖然沒有明講，但我覺得病房裡隱約有點快要抓狂的氣氛——就好像護士都在想著：到底什麼時候可以放他們走？

終於，我們可以回家並開始好好認識麥斯了。我們出院時，已被優先轉介給親子健康護理服務單位的強化照護團隊，這讓我感覺他們認為我們不能勝任。

麥斯剛出生的日子美好又充滿挑戰。我在親餵時遇到困難，最後是在泌乳顧問的幫助下，明白我的乳房無法儲乳，這和我的身心障礙無關。我剛開始有罪惡感，但有個明確診斷也讓我感覺好一點。泌乳顧問說許多女性在身體狀況不如願時，都走過一段悲傷歷程。我說：「我的身體從來不如我所願，我習慣了。」不能親餵代表我和班從一開始就能瓶餵。這麼做有優點，因為我們可以輪流餵奶。我們輪班負責夜奶，但如果麥斯晚上哭醒，就由班去照顧，因為我聽不到哭聲。我們其實可以使用嬰兒哭聲警報器，但班願意擔下這個任務。

班

反正我橫豎會醒。我沒辦法在寶寶啼哭下睡覺。對我來說，夜奶最大的挑戰在於搞清楚怎麼量奶粉、牛奶和熱水的量。當你的眼睛看不見，把奶粉倒進奶瓶還容易，但要怎麼裝三十到四十毫升的熱水？最後，我們找到幾種不同的方法。如果奶瓶大小剛好，只要裝滿即可，我們可以準確完成。如果必須裝較少的量，我們就用獸醫針筒：將五十毫升的針筒放入熱水壺，吸取熱水再注射到奶瓶裡搖一搖。但這麼做很花時間，我也必須很小心——在半夜兩點半睡半醒間泡奶真的很難。最後我們發現了湯美天地泡奶器。只要告訴它需要泡奶的量，它就全程負責——這個原本設計給睡眠不足的父母所使用的產品，真是我們的救星。除此之外，我們在最初幾個月所做的與一般父母無異。反正很多育兒工作本來就常發生在清晨時分，要摸黑進行。只是我得接受自己必須靠觸覺換尿布，會搞得髒兮兮。

莉亞 我本來擔心自己看不到尿布疹，結果我看得到，而且護士或其他家人時常在我們身邊，可以請他們幫我再次確認。

班 定向行動[17]組織建議我們使用一種可以拉行的嬰兒車。全澳洲只有這種嬰兒車可以在調整輪子之後，拉在身後而非推在前方。

那種嬰兒車的把手可以轉向，輪子也可以分別旋轉並固定，因而使用時可以將把手設置在嬰兒座位前方或後方。如果你拉一般的嬰兒推車，急轉彎時推車可能翻覆，但這台不會。我們兩人出門都會把它拉在身後，因為我用白手杖、莉亞則有導盲犬麗莎。當我們走在街上，路人通常對我們很友善——雖然會有人問我車裡真的有嬰兒嗎？我感覺別人對於我使用白手杖拉著嬰兒車帶麥斯出門有疑慮。我隻身上街就不會遇到這種反應。

17 定向行動（orientation and mobility）：協助視障人士運用感官能力了解自身在環境中位置、並能在不同環境中移動的專業。

莉亞　我遇過幾種不同的反應。第一種是一個女人跑上前對我說：「老天，妳知道輪子上就有剎車吧？」他們看到這台嬰兒車，以為我的使用方式不正確。我向他們解釋，他們就明白了。我遇過的另一種反應是我左手牽著麗莎，讓牠走在我前面，右手將嬰兒車拉在身後，人們過來問我：「妳會不會忙不過來？」很多普通人不知道身心障礙是怎麼回事。他們難以想像你每天怎麼生活，更別提你怎麼照顧小孩。當我身後拉著嬰兒車、麗莎走在我前方，就是在示範用他們從未想過的方法解決問題。

麥斯現在二十二個月大了，雖然已經會走路，但他還是喜歡坐在嬰兒車裡。我很害怕他長大走在我身旁的時刻，因為我從其他視障父母得知，只要那樣帶著小孩，別人就假定是你的孩子在照顧你。我知道我們遲早會遇到這種事。但當他坐在嬰兒車裡，別人就不可能這樣想。

我們很幸運，房子裡到處都鋪了木地板，因為班全盲但聽得到，木製地板讓他能知道麥斯在哪裡。我屬於弱視，所以我隔著一段距離也能看到麥斯，但我因為聽障而無法靠聽覺判斷他的位置。我必須讓他待在我聽得到的範圍，他才不會跑去洗衣間玩那些吸引他的洗衣機按鈕、洗碗機、或其他他感興趣的東西。我開始在他醒著時做點家事，但做得不多，因為實在太困難。

班　注意力的問題也困擾我——我看不見，所以煮飯時必須全神貫注聽平底鍋裡烹煮的狀態，那個當下很難聽清楚麥斯在做什麼。所以若是我煮飯，就必須請莉亞照顧他，降低危險。

莉亞　我本來擔心麥斯開始講話時，我會沒辦法與他溝通，但他發展出很有效的方式來和我們溝通。例如，他曉得抓住班的手，拉他去拿他要的東西，但對我就用指的。他也學到如果他講話太小聲，我可能聽不到。所以，他會跑去站在食物儲藏室門前大聲抽泣，直到我進去拿一塊餅乾給他。他也知道不要拿書請班讀給他聽，因為我們沒有任何點字童書——所以他只會拿書來找我。

別人常問我們怎麼帶麥斯在外面活動。我們家的庭院一直設有柵欄，所以他能安全在院子裡玩。帶他去公園玩不容易，我們無法隔著一段距離看著他，必須約其他朋友一起，因為公園小孩很多，我們真的應付不來。班的雙親已經退休，他們很喜歡和麥斯相處；他們會帶他去附近的游泳池，這是另外一件我們很難辦到的事。游泳池光滑的表面容易產生回音，伴隨著拍打潑濺的水聲、小孩的尖叫聲，我很難在這環境下聽見任何東西。如果我帶麥斯去，可能會犧牲他的安全，所以我不會帶他去。我可以選擇雇用照護員幫我，不過，這已經變成他們祖孫三人共享的專屬行程。

班　如果要我對即將成為新手父母的身心障礙者說點什麼，我會說對任何人來說，都沒有唯一正確的育兒方法；是不是身心障礙父母都是如此。儘管偶爾有人忘記這點，然後對於身心障礙者能否為人父母說三道四，你的決定都不關別人的事。你必須自己決定你準備好了沒有、你能不能完成所有任務。從頭到尾真的就是如此。

別人總疑惑我看不到麥斯是什麼感覺，但這對我不成問題。如果他在超市走丟了，我希望能向人描述他的外表，除此之外，能知道他的長相很不錯，但我不覺得那和我們父子關係的建立有太大關聯。

我希望麥斯在成長過程中知道身心障礙沒有什麼特別，只是另一種存在的方式、另一種生活的方式，沒什麼大不了。我希望他的態度是：「那又如何？」

班・范・波佩爾是視障律師與身心障礙權益倡議者。他任職於特殊執法與倡議部門裡的倡議與法律改革團隊，並為特別廣播服務公司和澳洲廣播公司寫作。

莉亞・范・波佩爾是維多利亞州身心障礙女性協會執行長與國家身心障礙與照顧者聯盟主席。她也是全國殘障保險計劃獨立諮詢委員會的成員。

黛博拉・基納漢
Debra Keenahan

「基納漢太太，妳的寶寶有個問題……她有侏儒症。」

我出生三天時，醫生這樣向母親告知我的軟骨發育不全症。軟骨發育不全症是一種遺傳性疾病，如果雙親之一是患者，可能遺傳給小孩。但這種疾病也可能隨機發生，我就是這樣。我的雙親和四個哥哥都身高正常，兩邊家族中也沒有任何人有這紀錄。對這位醫師來說，我的侏儒症是個「問題」，但對我父母來說，我只是他們全心疼愛的寶貝女兒。

父親下定決心，不讓我因為是身障者而被剝奪任何事物。他和其他家人拒絕任何人把我隔離在廣大的世界之外。

為了預防O型腿等續發性併發症，我童年長期要看醫生。一九六二年的醫療思維，認為這種症狀的出現是因為正常尺寸的軀幹擠壓到較短的雙腿。當時的介入措施是在青春期時截斷雙腿、拉直再接回。這個痛苦的流程要花十二個月的時間，而且不保證成功。我沒有動這些手術，因為家人在我學步期的幾年間抱著我，預防了O型腿。我有四個哥哥，所以這不難。他們用許多不同的技術把我運來運去。我記得自己曾是掛在哥哥手臂上的「一袋煤礦」，我的腿向前懸著，眼前可以看到途經的地方。另一個哥哥抱我的姿勢就像讓我坐在椅子上——我能看見前進的方向。我從許多不同的視角看這世界。那個時期我對母親的記憶是被她抱在懷裡輕搖。三哥盤腿坐在客廳時，我會坐在他腿上，他會把我晃來晃去，搖個不停。他也教我畫畫。我和四哥會玩摔角。有一次他正占上風，但來不及閃過我小小拳頭迅速揮出的上勾拳，結果撕裂了嘴唇，讓我非常得意。我和幾位哥哥相處時總能和他們平分秋色——這樣的經驗在我後來當母親時很有幫助。

我在三十八歲時發現自己懷孕了。各種情緒洶湧而來——震驚、喜悅、疑惑、憂慮、欣喜、不可思議。我想生小孩七年了，本來已經放棄自己生育的念頭，開始申請收養的流程。現在，我把那些文件放一邊，開始默念咒語：「拜託是小女孩、拜託是小女孩、拜託是小女孩。」我的性別偏好背後有實際的理由。我將成為單親媽媽，我想，對我自己和小孩來說，同性別會比較簡單，尤其是到青春期的時候。想到我必須面對可能有一百八十公分的叛逆男孩，就令人卻步。就像我們有百分之五十的機率同性別，我的孩子也有百分之五十的機率身高正常。我孩子的父親身高正常，而我的基因組合中軟骨發育不全症的基因為顯性基因，算下來機率很明確。

雖然我在咒語裡用了「小」這個字，但我其實不介意孩子有侏儒症，因為我從不覺得我的身體是個「問題」。我總是說，帶給我障礙的不是侏儒症，而是別人對我有侏儒症的態度。

不幸的是，我第一次去看家庭醫師轉介的婦科醫師時，這件事就直接上演。這位婦科醫師似乎曾有患者是侏儒母親。草草開場之後，他讀了我醫生寫的病歷：超音波明確顯示胎兒患有軟骨發育不全症。他看著我平鋪直敘地說：「妳該早點來看我的門診。我本來可以做點處理。」不用懷疑，我們都知道「做點處理」是什麼意思。

在那之後，我常想著，不知道他怎麼回應其他單親媽媽或懷了侏儒寶寶的女性。或者他的疑慮只因為我剛好三連勝——患侏儒症的女性、懷了侏儒寶寶、選擇當單親媽媽？

陪我一起去看診的好友向我保證我沒聽錯也沒誤會那位醫生的話，或他傳達的意思。結束諮詢之後，我們一語不發地走回車子。她幫我打開車門，繞過車子坐上駕駛座，然後轉過來對我說——「妳是不是想哭？」我的眼淚奪眶而出，傷心欲絕。我的朋友怒火中燒。又一次，別人不經思考就丟出嚴厲的道德批判，毫不關心或考慮這些話語對對方多沉重。

那位婦科醫師對我未出世孩子的宣言，殘酷地呼應了我剛出生幾天時醫生對我母親說的話——意味著世人對身障者的態度並沒有改變多少。

我懷孕時，知道母親來日不多，所以我在照超音波時要求確認寶寶的性別。那次超音波檢查也確認了她遺傳了我的侏儒症。我在母親過世前盡可能告訴她關於她孫女的事情——包括她的名字：莎拉・伊莉莎白。伊莉莎白是母親的中間名。我也來得及告訴母親，寶寶會像我一樣矮小。母親用最美、最溫柔的笑容回應這個消息——我現在在心中仍能看見她的微笑。

我也興奮地向母親的朋友分享超音波檢查的結果，但我沒能向他們提起母親的微笑，因為在我告訴他們寶寶遺傳了我的侏儒症以後，其中一人傾身向前，把手放在我的前臂擔憂地問：「妳很失望嗎？」我轉身離開。

我當下的回應完全發自內心。我的心跳猛烈到脈搏聲在耳邊迴盪。我記得自己當時低頭看，必須留心才能站穩，定格不知所措。我到廁所隔間裡獨處，感受到情緒蜂擁而至——震驚、重傷、深受背叛——但後來，隨著我又經歷多到不能再多的這類無心攻擊（我故意選這麼強烈的用詞），只要我冷靜深呼吸，我原本堅定的決心就會回來。在這種攻擊下，我下定決心，任何別人因為我有侏儒症而假定我辦不到的事情，我都要用盡全力做好。

我的父母從不認為我令他們失望。我被問到那個問題時，為母親也為自己，感受到震驚、受傷與背叛——明白那個人想必一直認為我「不如」別人。我恢復冷靜之後，決心我要當個孩子眼中的好母親，就像母親之於我那樣。意思是我的女兒將永遠感覺被愛、被接納，我會努力為她打造最好的基礎——強烈的尊嚴感。我對孩子的期望是她能看重自己，不要容忍其他人不尊重的對待——所有人都值得如此。

我希望莎拉活得有尊嚴，因為我這一輩子就連只是想完成最簡單的事情，都需要學會克服各種社會情境和別人對我身體與眾不同的反應。

從我受父母養育的經驗，我知道我必須確保小孩好好坐在桌前吃飯、在她跌倒受傷後安撫她、講很多故事（在我們家是極重要的活動）、監督她做作業……族繁不及備載。但我父母也教會我，孩子的情緒（尤其是對自己的感受）以及孩子怎麼對待別人，或許是父母最重大的責任。如果我希望莎拉成長過程中只受到別人尊重的對待，也同樣尊重他人，我必須給她榜樣——我也知道因為我們的侏儒症，我的決心將時常受到考驗。

小孩天生好奇，不斷地在了解周遭的世界和人。為人父母的責任之一是在這個過程中引導他們。家長在困難情境中能多有效地引導，影響的不只是小孩本身。家長如何應對孩子對不同外表的人產生的好奇心，尤其會塑造孩子對身心障礙者的態度與對待。身為育有身障孩子的身障母親，我知道我必須為孩子示範該如何應對孩子與成人對她外表的反應。但當我必須應付其他家長的「無心教養」時，難度特別高。

一次午休時間，我在銀行櫃檯前排隊，一位母親帶著不到四歲的小男孩進來，排在我正後方。小男孩和許多第一次見到侏儒症患者的小孩一樣：馬上露出吃驚的表情，訝異有大人不比他高多少。他天真地問：「媽咪，為什麼這個阿姨這麼矮？」

男孩的母親毫不遲疑地大聲回答，引起所有顧客和出納員的注意。「我告訴你她為什麼這麼矮，她沒吃晚餐！如果你不吃晚餐，你長大也會像她一樣！」

或許這位焦慮於監督孩子健康的母親今天諸事不順，逮到一個時機就想機會教育一下。但這種無心造成的後果，傷害可遠大於少吃一頓晚餐。我的回應是轉過去嚴肅地說（我希望音量沒有她那麼大）：「不好意思，我沒做錯任何事，我的父母也沒有。」接著我試著用比較和緩友善的語調直接對男孩說：「小子，我有侏儒症。我天生就長這樣——比較矮小一點。我一直都有吃晚餐。」

我沒辦完事情就轉身走出銀行。回到車上一個人的時候，我做了幾次深呼吸，然後回去工作。

雖然此事發生時我女兒不在身邊，但我知道必須幫她預備好應對這種情況。這種粗魯草率的言行像是在批判我們的存在，讓我們感覺自尊遭受攻擊——也輕易就傳達出世人對與眾不同者抱持的負面觀點與態度。家長的責任遠遠不只在考量孩子的身體需求——也包括引導他們怎麼對待別人。

當我們在教養情境中成為主角，但對方的處理細心周到，總讓我們鬆一口氣，甚至覺得值得小小慶祝一番。例如有一次，我們帶家裡兩隻幼犬到沙灘上享受家庭時光。我需要去上廁所，於是把當時已十八歲的莎拉和狗一起留在外面。我在廁所裡時，一個約三、四歲的小男孩和他母親一起往廁所的方向走來。男孩看到莎拉，因為自己站著直視一個大人的雙眼而大吃一驚。他似乎覺得莎拉遠比小狗有趣，也這樣告訴他母親。他們走進廁所時，我已擦乾手，正通過往出口的走道。男孩看到我，他停下腳步靜止不動，表情驚訝，我想他的眼睛已經睜到不能再大了。他強調似地舉起雙手說：「媽媽，為什麼那麼多這種人？」我和那位母親對望一眼，不禁露出笑容，她也報以微笑。

我想男孩剛才大概看到了外面的莎拉，事後那位母親也證實了我的猜測。我和莎拉正因男孩的話微笑時，他們走出廁所。那位母親看到我們，帶男孩走過來。她馬上為男孩的話致歉，並說她已經向兒子解釋，每個人都是不一樣的——有的人高大、有的人矮小，有些人比許多人高，也有些人特別矮小。我們剛好特別矮小，但每個人都應該受到同等對待。

我們請她放心，說我們不覺得受傷或受到冒犯，反而很欣賞她的處理方式。我們只和男孩簡單講幾句話，因為到了此時，我和莎拉只是背景的一部分——眼前有兩隻小狗可以一起玩，對他來說這有趣多了。

• • •

我希望莎拉能帶著尊嚴與自重成長，以此滋養自己，並在她必須維護自己受尊重的權益時，幫助她度過那些情境。她從很小就注意到我和她的身體不同於別人；她從別人對我的反應學到這點。有趣的是，她最近告訴我，她從不覺得我們很矮——尤其是我們在家時。只有在外面她才意識到自己是侏儒症患者。

• • •

我們另一次遇到無心教養的事件，發生在我們家去公園時。我們下車時，停車場中另一個家庭覺得侏儒症很滑稽，幾個大人拿手機對我們拍照。他們甚至不打算遮掩。我們趕快走入車子之間，以擋住他們的拍攝。幸好他們沒有尾隨我們。我們本來計畫在那裡待一個下午，但後來兩小時就離開了——這種別人擅自拍照的事件，後來又發生了三次。

第四次發生時，我和莎拉正走過花園裡一座小步橋，一個瘦小的男人向我們走來，對我們傻笑並拿起手機，從不到兩公尺外直接對著我們。我們聽到快門的喀嚓聲。

在我開口之前，莎拉大步走向他。「不好意思，你剛剛拍了我們的照片。」他因為被質問嚇了一跳。「我沒有。」他臉紅起來，看著地上說。他在不安中忘了藏起手機，我們可以清楚看見螢幕畫面。

莎拉指著手機：「你明明拍了，太過分，我們不喜歡被拍。這是不對的。我們沒有允許你拍照，請馬上刪除。」

男人看起來愈來愈不好意思——我猜是因為明顯的謊言被拆穿，也因為莎拉堅定的態度。他嘟囔著「抱歉」，一邊照莎拉的話刪除了——莎拉只回他「謝謝」。

我們離開時，我回頭看了幾眼，好確定他沒有繼續拍照，不過他匆匆離開了。莎拉走得很快，我得小跑步才能跟上她。

丈夫在不遠處看顧我們的東西和狗。和他會合後，我馬上對莎拉說：「我深深以妳剛剛處理的方式為榮。妳做的完全正確，和他說話的方式也很恰當，幹得好。但妳自己一個人時要小心一點。」

我沒再多說，但莎拉眼眶含淚：「我只想離開這裡，我想回家。」

我們收拾東西，喚回小狗然後離開。

這起事件苦中帶甜。苦是因為莎拉非常難過，而我們被剝奪了單純的午後出遊樂趣，讓我氣得不得了。但同時也有甜蜜的滋味，因為看到我的孩子有自尊和本錢，不容忍糟糕的行為，挺身要求每個人都有權享有的尊重。我可以暗自欣慰：「她辦得到！」

• • •

莎拉現在已是年輕女子。她是獸醫助理，享受和家人朋友的社交生活，也是驕傲的毛孩母親——她養了一隻迷你澳洲牧羊犬。莎拉一輩子都要踩著墊腳凳拿東西、衣服需要修改、開的車經過改裝，有時候也必須接受有些事情我們就是辦不到。她知道因為侏儒症，調整將永遠是她人生中的一部分——她也必須應對其他人無心、不為他人著想、粗率無禮的行為。她會談起未來自己可能會生養小孩。她的小孩會叫我「Nanny」（英文中兒語的「祖母」）——我的姪子和姪女就是這樣喊我母親。我很有信心，當莎拉成為母親的時刻來臨，她可以肯定自己：「我辦得到！」

黛博拉・基納漢是視覺藝術家、心理學家、學者暨論文作者。她的工作聚焦在身心障礙對個人與社會的影響。她患有軟骨發育不全的侏儒症，透過個人的洞察來理解當公正的社會關係容納／排除看起來不同的人時，當中的人際互動動力與社會結構。

艾莉・梅・巴恩斯——取自與伊麗莎・赫爾的訪談

Elly May Barnes

音樂一直是我生命中不可或缺的一部分。腦性麻痺也是，但有很長一段時間，我試圖忽略這點。我拒絕讓腦性麻痺定義我，反之，我擁抱並堅守著音樂。

我在二十六週出生，體重只有七百五十克。我出生後不久即腦出血，在生命脆弱的最初幾個月，住在新生兒加護病房裡。父親隔著保溫箱的外罩唱歌給我聽，祈禱我能平安撐過。

我的人生一直都由歌曲標記。我的記憶總伴隨配樂，無論是歡樂或心碎的。在疼痛太強烈的時刻，我總是逃到音樂裡。

作為一位身障者，小時候我活在自己的世界裡。我為自己唱歌，試圖逃離那永無休止的疼痛，這麼做讓我感覺無拘無束。我的人生由一連串的護具、石膏、手術、注射構成，還有一顆接一顆的藥物助我減緩些許疼痛。我住院時總是播放音樂。巴布・狄倫、尼爾・楊、歷史悠久的摩城唱片經典歌曲透過攜帶型CD播放器響徹病房。

我是家裡五個小孩裡的老么，大家的小寶貝，四位兄姊總是很照顧我。我很幸運生在一個充滿關愛的大家庭。音樂在我們的關係中扮演不可或缺的角色，深嵌在我們做的每一件事中，讓我覺得自己和全家連結，有所歸屬，不會因身體上的限制而感到寂寞。父親是澳洲著名的歌手兼音樂創作人吉米·巴恩斯，所以我從小到大都向他學唱歌。直到今天，唱歌依然是我們紀念每個重要時刻的方式。音樂與歌唱一直是父親生命的一部分，對母親來說沒占那麼高的比重，但現在全家一起即興演奏時，就連母親都加入，跟著唱歌、彈吉他。音樂對我們來說如此自然而然。

從小到大，父母從未說我是身障者，他們說：「艾莉有一條腿很痛。」他們通常真的輕鬆以對，有時候則是為了保護我，但從未讓我感覺這有什麼大不了的。這是好事，因為我從未對此感到不自在。他們總是非常接納和支持我，我從小到大真切感受得到。我不覺得自己和手足不同，覺得自己是家裡的一分子。

小時候，我們家有一段時間住在法國，我回到澳洲時在學期中轉入新學校。第一天上學，我非常緊張，不巧那天有運動會。當時我雙腿都打了石膏，因為不能參加賽跑而哭了出來。隔年，又到了運動會，我決定參加賽跑。我說的「跑」不是真的跑——為了拉長小腿肌肉，我的雙腿上打了石膏，所以實際上我只能慢慢走。我在比賽前哭了，因為怕大家嘲笑而緊張不已，但我很固執，希望能加入比賽，所以我決定冒險一試。比賽結束，我贏得一座獎盃。我心想，這有夠奇怪。當時我還沒察覺真相，運動會後，我們全家還出門慶祝。直到我青春期，父親才承認是他買了獎盃請老師頒給我。

我人生中的每件事都是如此。我的家人總是鼓勵我，只要有想做的事情就去嘗試，即便可能很困難。

我在二十五歲時告訴父母，我懷孕了。他們很驚訝（和我一樣！）但對我充分支持。懷孕不在計畫內，所以剛開始我既害怕又不安。但隨著孕程進展，我開始感覺這是命中注定，於是我全心接受。父母用盡全力讓我的孕期輕鬆一點。生產前幾個月，我的行動愈來愈困難，他們請我搬去跟他們同住。

懷孕對我很具挑戰性，讓我的行動力大打折扣。我的髖部和下背部特別辛苦。我的心跳總是很快，體重增加對腿部造成壓力。我承受劇烈疼痛，但不想吃止痛藥，怕傷了胎兒。整個孕期我都擔心自己的身體不適合承載一個孩子。我有時會假性宮縮，很擔憂自己可能流產。我就是很焦慮懷孕這件事可能因為我的身體不夠強壯而無法成功。我開始更注意照顧自己。我在懷孕前很依賴藥物來控制疼痛，也過度消耗自己的身體。現在回頭看，醫生大概開太多藥給我了——我之前體重掉了很多，老是覺得疲倦，那時候也忙過頭。我獨立生活，努力社交、工作、和爸爸一起巡演（巡演很精采，但不適合身障者），我累壞了。但我現在進入保護模式，每一個決定都以這個即將到來的小小人兒為準。

我的孕程在醫療上歸類為「高風險」族群，有一個龐大的醫療團隊負責監控我的情況。這些醫療人員全都體貼溫暖，照顧我時極為細心。我常想這是不是因為我來自名人家庭而享有特權。

我感覺自己備受呵護，因為我知道許多身心障礙者決定為人父母時面臨歧視，而我卻受到良好的照顧。

可愛的兒子在預產期前幾週剖腹產出生，因為他塊頭很大。他出生時體重三千五百公克。我以巴布·狄倫的名字將他命名為狄倫。我對他的愛馬上充溢心中；就像我的心擴張到填滿整個胸膛，無所不在。

但狄倫誕生還帶來一個更重大的改變，就是讓我感受到對自己的愛。我一向感覺自己像個局外人：在家裡不會，但在學校或巡演時我總會意識到自己的不同。狄倫的出生改變了這點。他帶給我目標。如果我的身體可以孕育這麼一個美麗的寶寶，也許我原來的樣子就已經很好。我在他出生後一點一滴地開始愛自己，也更加認同我的肢體障礙。在那之前，我一直試圖忽視這點。育兒很耗體力，所以生養狄倫逼我直面自己的限制。我也希望呈現最好的自己來當他的楷模。我必須對自己更仁慈，學會接納我的障礙。我這麼做是為了讓他看到做自己、擁抱自己的一切、無論如何都以自己為榮多麼重要。現在，認同自己是身障者的感覺對了，這也讓我得以堅強，我不再感到羞恥。

大家常對我下類似這樣的評語：「噢，妳不會再生了吧？」或「妳應該沒辦法再生了吧，太辛苦了。」人們這樣假定讓我感覺很挫敗。

狄倫還小的時候，日子有時候很艱難，但我總覺得自己能夠勝任。只要我一路不斷調整，一切都可能。

狄倫還是嬰兒時，當我把他抱在一側，身體會因為太過疼痛而傾斜彎曲。有時候我的精力不足，無法成為自己心目中的理想母親，但我持續努力前進。當我真的快應付不了，我會對他唱歌，或帶他到父母家和家人待在一起。我的父母和兄姊會齊聚一堂唱歌與歡笑，幫我分擔重擔。我在休息過後疼痛減緩，也很高興他能和疼愛他的祖父母共享時光。

狄倫現在七歲了，是個可愛、善良、逗趣的男孩。我常常不敢相信他長大得這麼快，我深深以他為榮。

雖然我有學習駕照，但我很早就決定我不打算取得正式駕照，也就不會開車載他。我的腿會痙攣，如果他因此出意外，我永遠無法原諒自己。因此有時候我們想到處跑會比較困難，尤其現在他已經入學。但我很幸運，因為家人都住在距雪梨一個半小時車程的南部高地，離我很近。父母很久以前就在我們家對面買了一塊地，我在上面蓋了棟房子，好住得離他們近一點。我也有些朋友就住在附近。他們可以幫我處理一些事情或送狄倫上學。我在養育狄倫的過程中絕對有全村之力在幫助我，我對此深深感激。我每天都見到父母，他們不時聯繫確認我沒問題。他們送食物過來，或帶狄倫一起去遛狗。我總覺得和家人朋友組成的社群之間有深刻的連結。

現在，我剛動完手術正在復原中。當母親之後，術後復原變成完全另一回事。以前我會吃一堆止痛藥，看一整季的《怪醫豪斯》。現在不可能了——身為單親媽媽，我把兒子放在第一順位，不能就這樣徹底休息。我努力克服疼痛，好好與狄倫同在。

我因為動手術，暫時需要坐輪椅。這對我來說頗需要調適，對狄倫也是。起初，他很擔心我，因為他是個善良而富同理心的孩子。他希望盡可能幫忙，常問我他能不能做些什麼。我出院那天，學校在當地酒廠舉辦尋找復活節彩蛋的活動，我很想帶狄倫去參加。我在抵達前先打電話確認現場是否有無障礙設施，他們說有。但我到了之後，只能在特定一區通行，看不到小孩找復活節彩蛋。我恐慌起來。我不想錯過狄倫開心的畫面，而且現場沒有其他人可以看顧他。因為物理障礙而無法和自己的小孩在一起，真的很不安。幸好，最後我找到了姊姊——她的孩子和狄倫上同一所學校。她可以幫我看著狄倫。其他過來跟我說話的母親人都很好，但我還是感覺被排除在外。太多地方在設計時並未考慮到無障礙設施，這點我始終沒辦法適應。

最近，我想去觀看狄倫的足球賽，卻入場不得，滿是淤泥的草地和輪椅水火不容。那裡有一處陡峭的山坡，我下不來，最後只好穿上雪靴，扶著別人走才抵達。結束後我真是疲憊又洩氣。

到了下一週的比賽，我對父親說或許這次我不該去。我們全家只有父親預計要去觀賽，所以他說：「別傻了，我帶妳去，我會推妳過草地。」父親請校長預先打開側門，推著我通過淤泥。他用盡全力拚命推，導致前輪三度卡在泥巴裡，把我拋出輪椅外。我想放棄，但父親心意已決。他不希望我錯過任何風景——不管是爛泥巴、冰雹或陽光；他堅定不移。這份決心來自他的出身，他經歷受暴創傷的童年，再藉由辛勤工作逃離——他的堅持不懈也傳承給我。當時的畫面很有趣——到了一天尾聲，想到我在滿是泥巴的球場上摔個不停，讓人忍不住笑出來。當我抵達場地邊線，看到狄倫臉上的微笑，所有困難都值得了。

尋找復活節彩蛋和足球賽之類的狀況，讓我對於和我同樣的身障者面臨的阻礙感到十分灰心。我也很不好意思給別人帶來不便，但不表示我以自己為恥。我為自己的障礙與經歷過的一切感到驕傲；現在，我在自己身上看到的不是軟弱，而是力量。

狄倫無比善良又善解人意。他的智慧超過七歲，我們母子之間的溝通非常順暢。我讓他知道我的感受——如果我很痛，我一向誠實以告。我會說：「我今天真的很難受，你必須幫我一個忙，上學前自己準備好。」我很留心不要成為他的負擔。我不希望他被我的障礙壓垮，但我覺得保持坦白、讓他明白作為身障者是怎麼一回事很重要。這也教導他負責任。這星期他在家拖了兩次地，他看到我在拖地，主動提出要完成剩下的部分。我覺得正是因為我的身心障礙，才教會了他這種獨立與主動。

有時候我和他在不同房間，我不小心掉了東西，他會跑進來問：「媽咪，妳還好嗎？」擔心我可能摔倒了，真是美好又體貼的孩子。

隨著他長大，我看到我的身障對他的影響。但那不是我所害怕的負面影響，反之，他善良、慈悲、心胸開放。他在學校是會第一個伸出援手或為朋友打氣的人。最近狄倫的校長告訴我，狄倫極為善良又有同理心。如果有人跌倒，他總是第一個去幫忙。他心胸寬大，為人慷慨。我想這些特質很大一部分來自有我這個身障母親。

如果學校有人問起我的狀況，他會實話實說：「噢，我媽媽有腦性麻痺。」他用非常和善的方式告訴別人關於腦性麻痺的事，完全不覺得難為情。他常補充說：「我媽媽也不能跑步，我們必須慢慢走。」

我認為為人父母能期待最棒的一件事，是可以把一個生命帶到世上，而這生命對人與人之間的差異擁有開放的態度。這就是狄倫從他身障的母親身上得到的魔法。哦，他也熱愛音樂——所以我們共享了兩種魔法。

艾莉．梅．巴恩斯是搖滾明星吉米．巴恩斯的小女兒。她在父親的樂團裡演唱，也進行自己的卡巴萊歌舞表演。

賈斯柏・皮許
Jasper Peach

有時候我不覺得我辦得到。我做惡夢，夢見我在水面下，孩子在水面上，而我似乎無法突破水面。最糟的夢境是他們隨著水流漂走，不知道該怎麼游向有空氣與光亮的安全之處。他們洗澡時，我的腦中會閃現這些夢境。他們開心又自由，潑水看著灑向四面八方的水花能飛得多遠；他們的喜悅充滿感染力，但恐懼依然在我心頭顫動。

我現在四十歲，二十幾歲時壓力與創傷席捲而來，結果我生病了——一切都變了。醫生原本向我保證服用消炎藥幾天內就能治好（爆雷警告：這些藥侵蝕了我的胃壁），但我接著從家庭醫生、物理治療師看到免疫風濕科，才終於診斷出纖維肌痛症，後來又得到慢性疲勞症候群的診斷。要回想人生這段時期的事情真的很困難——大部分是一片空白——沒有記憶可參考。我從沒病得這麼重過，幾乎沒有腦力消化發生在我身上的事。

我很難解釋這些診斷對我的意義。我的老朋友Google告訴我，這是「一種風濕性疾病，特徵是肌肉或肌肉骨骼僵硬疼痛，及身體特定位置局部觸痛」。但這段定義沒說到你在得病之後朋友就不見了、你必須想辦法在提不動購物袋的情況下去超市購物，更別提那些不可預測的症狀有多嚇人，例如腦霧和劇烈起伏的體溫。罹患纖維肌痛症的怪異之處在於我可以像往常一樣做許多事情，但數小時後——或隔天、或數星期之後——我的身體告訴我那是個糟糕、恐怖、差勁的超級壞主意。而那還只是冰山一角。

我不喜歡和朋友談具體細節，寧可廣泛地解釋：「我全身都痛，生活中大部分事情都變得很難」。他們的反應令人難受。憐憫、懷疑、出神，或建議我用瑜珈治癒——都是最糟的回應。不對，最糟的是有人堅持這只是我的想像，如果我想康復，只要意志更堅定就好。我很樂意談談我要面對連續數天的劇痛、工作效率下降、難以社交，需要多強的意志力，不過我知道散播那種想法的人沒興趣聽這些。

生病之後，我不認為自己可能當上母親。我拋開擁有孩子的念頭。如果我無法好好照顧自己，我肯定沒辦法照顧小嬰兒吧？但當我回頭看，我發現其實我是可以照顧自己的——只是需要重新學習照顧自己的意義。

我和伴侶翠西認識幾年後，她找我談，告訴我當母親是她人生最大的意義。我很震驚——我們本來總說我們不適合有孩子，我基於健康因素，她則出於政治和環境的理由。我們剛買了第一棟房子，距離墨爾本東南方一小時車程的一間可愛小屋，我第一個念頭就是，喔，不，我們要分手了。我向她表達我的疑慮，告訴她，她只能找別人生小孩，因為我沒辦法。我太愛她了，絕對不願剝奪她的人生目標。翠西直視我的雙眼，問了一個改變一切的問題：「你願意考慮一下嗎？」我毫不猶豫，真心回答：「我誠心誠意地說，願意。」

接著我們分開幾天，我展開研究。我找了好友喬和昆恩談談，她們兩人和我有相同的疼痛，而且各自生過兩胎。她們說為人母的經驗療癒，過程艱難，但正向的部分大於挑戰。甚至有證據指出，懷孕能消除結締組織的疼痛，儘管只有短暫的時間。

這變成我人生中決定性的時刻——明白我原來可以抱持信念、堅信不移，但在深入探究後徹底改變主意。浪潮迅速轉向，我隨著漣漪輕輕擺盪，歡欣地表示，我想要孩子，我想盡快生孩子。

• • •

於是我們生了孩子。兩個孩子都由翠西懷孕生下。關於誰負責生產的爭論，在我們密集的伴侶諮商中，她因為年齡較長贏了第一輪，然後我的身體反對再承受更多的壓力，所以我在第二輪退縮放棄了。我的限制很明確，而且我一向擅長導航甚於駕駛。

生活中多了一個新生兒、長大為嬰兒、學步兒、幼童，疲倦感足以令人粉身碎骨。疲倦對我不是新鮮事，不過我以前會以適時休息或拒絕邀約來讓身體維持運作，這高明的策略現在行不通了。當孩子要你餵食或抱著他輕晃時，你不能像拒絕出席嘉年華開幕儀式那樣婉拒他。該怎麼選擇，答案十分明確——是時候過上不那麼光鮮亮麗的生活了。我每天忙著把黏在餐椅上的米香擦掉，或用黏土做蝸牛給小孩放進嘴裡或一拳壓扁。孩子全心投入純粹感官體驗的這些時刻教會我好多事。你有沒有看過學步兒撿起花園裡的石頭說：「『直』頭，抱抱」，一邊用紅通通的圓臉頰輕觸那顆石頭？時間靜止了；在那一刻，沒有什麼事更重要。

我想要小孩的理由看似自私——我希望孩子讓我變得更好。事實是他們確實讓我變得更好，但原因出乎意料。我變得更慈悲、慷慨、專注。我疲憊不堪，身體更加疼痛，但愛——看著這些風暴成長的小小人類每天在這世界有所達成，那種充溢心中的驕傲感——勝過一切。

今天，我看著我的孩子學習怎麼運動他們的四肢，看著他們心智擴張、技巧進步。我也學習如何運用有障礙的身體，這經驗稱得上重生，過程中我時常流淚、在辦不到想做的事時暴怒，（經過一番努力之後）最終走向接納。

我看著孩子逐漸了解自己的身體，以及他們對自己能耐的感受，我因此有了新的洞察。當他們感到擔憂、疼痛、困惑，我能與他們同在，因為我知道每天都要跨越這些新事物時可能多麼寂寞。成為身心障礙者與成為母親，都使我明白謙遜的重要。

• • •

我服用的某些藥物讓我無法忍受陽光直射（加入吸血鬼的表情符號），而我那兩個精力充沛的小可愛在外面會突然衝上馬路、跳進對面池塘、或從建築物側邊爬上去找到放在打開的有毒清潔劑旁的通電電線，所以必須要有其他成人陪同，我才能安全地和他們一起出門。我們出門時，需要一個能跑步的人在身邊——翠西就擔起這重責大任。

我的速度不快、體力不佳，但我在其他方面補強。我在小孩跌倒後對他們抱以同情、介紹植物的名稱、可以用大部分事物編造歌曲。我們在育兒方面各有強項。

我的疼痛不可預測，可以摧毀我們樂觀訂下的任何計畫。遇上壞日子，每件事都得踩剎車，然後我在水面上掙扎著不要下沉，直到重新出現一點能量來度過難關，或等幫手抵達。我發現如果孩子需要我，我可以努力擠出一點能量。但這是高利貸。有一次情況特別糟糕，那天天氣炎熱，我和一對伴侶有約（我的工作是主婚人），同時正在處理一些壓力與情緒負擔龐大的私人事務。隔天早上，能量高利貸金主來討債了，我全身疼痛，勉強撐到中午，等保姆到了，才能在黑暗的房裡躺下。

只要我過度刺激、負擔過重、腦力超載，就覺得平靜既陌生又遙不可及。Candy Crush、Netflix的喜劇特別節目（不含故事情節）、療癒的閒聊podcast、用Messenger或WhatsApp聊天是讓我冷靜下來的心靈慰藉。然後不可避免地**大哭一場**。接著，在服藥之後睡長長的一覺。醒來時，我的懷裡抱著香暖的孩子，他甜美的氣息提供了我所需的一切來開啟新的一天。當我開始思考要煮什麼給家人吃——怎麼滋養他們、讓他們知道我多在乎他們——我知道我回到水面上了。

由於我的身心障礙是隱形的，是慢性的健康狀況——也因為我的孩子還很小——他們並不真的理解我的障礙，但他們在人生中邊走邊學，就像我一樣。我把我們視為同儕——我們一起探索，在這個有時候排外又令人失能、有時候無障礙又讚揚多元的世界上，該如何前進。

我認同自己為身心障礙者，但不知道為何，我不對孩子明說。或許我在等他們在世界上有多幾年的經驗，更能理解其中的涵義。身為酷兒是個類似的複雜議題——他們的一本童書《平等的ABC》裡有一頁在談性別平等，我們才剛開始聊這個概念。等到時機合適，我知道我們也能談談身心障礙。

我面臨最大的困難之一是身障導致的龐大花費。我每星期都得花很多錢才能保持直立、盡量維持功能。私人醫療保險、天文數字的電費帳單（還有經常開著冷氣和暖氣，覺得太不環保而產生的罪惡感）、物理治療、整骨、針灸、藥物、營養補充品、意外發作需要幫助時雇用的臨時保母、跑遍偏鄉求醫，費用昂貴又壓力沉重——這些都是必要支出，沒得商量，還附帶許多其他成本，但帶來的好處多過懊悔的可能，只是在財務和情緒上的負擔都龐大得超乎想像。

我的身心障礙是隱形的，代表我必須經常提醒別人我的需求，包括對我的直系親屬。我的需求時常改變，要辨識出這些需求就已經需要技巧，更高難度的是要不帶羞恥地發聲求助。我目前還在努力。關注別人的需求容易多了，別人的需求感覺比我的重要，有時似乎也更可能滿足。但在我們家，每個人都是重要的。我們之間沒有競爭，因為只要任何一個人被忽略，我們大家都會受苦。

有時候，隱形的身心障礙讓我感覺自己也隱形了，而我人生中不少時候有點太受影響——我說話時總是聚焦在對方身上。在身心障礙社群裡感覺則不一樣——我在線上和現實生活中的身心障礙友人輕易就能懂我，和他們相處比較輕鬆自在。

從早到晚都像站在平衡木上一樣，決定何時要開口發聲、何時要吞下來繼續過日子，真是費力不已。我的孩子不只一次看我在私下情緒潰堤哭泣。我可以用符合他們年齡的用語解釋發生什麼事，但最讓他們放心的還是看到我沒事、可以應他們要求準備點心（這兩件事似乎同樣重要）。所以我必須時時做出聰明的決策，以避免洶湧的浪潮把我吞沒、擊下「稱職母親」的高台。

不管是不是身心障礙者，我想所有父母都經歷過這些。我們活在壓力龐大的世界，我們可以選擇對孩子隱藏情緒，讓他們察覺到變化卻弄不明白，也可以選擇和他們分享這段歷程。讓他們知道發生什麼事吧。

因新冠疫情而封城的期間，有一次我剛結束視訊諮商，坐在沙發上靜靜哭泣。當時三歲的老大拿來一條毯子，要我去休息一下。接著，他興高采烈地繼續放肆摧毀組好的得寶積木。在那一刻，我真以他為榮，驕傲自己帶出一個讀得懂情緒的孩子，能辨識出別人的需要，予以滿足，然後繼續享受破壞帶來的精采樂趣。

• • •

有些時候，顯然我辦得到。

我每天早上像接電話一般拿起香蕉，故作驚奇地說：「找你的！」再把香蕉遞給笑開懷的孩子。

兒子以為薯條的名稱是「週五薯條日」，因為每到一週尾聲的週五、去托嬰處接他們放學之後，我們會打給炸雞店點大包薯條、大包帶皮薯條和小份肉汁醬，再配上酸奶油，作為我們的晚餐。女兒從頭到腳都沾上酸奶油，兒子像喝湯那樣喝肉汁醬。大家都用兩種方式享用馬鈴薯。這幾乎稱得上美食，而且好玩、便宜、簡單。我打電話點餐時，炸雞店店員會說：「啊，今天是週五薯條日，馬上好！」

我在兩個孩子身上注入對時尚的熱愛及對身體的讚頌——在我們家，時尚可能指的是頭上頂個盒子、只穿一隻襪子。不過我們確實花許多時間欣賞不同顏色和布料的創意搭配。我們的兩個小孩都會跳向鏡子裡的映像大力親吻。

我們重視仁慈、勇氣、嘗試、歡笑、放屁。我們的小孩堅持隨時隨地都要幫忙。當他們能獨立完成事情時會感到驕傲，但他們也看到母親總在需要時自信地求助。當我在停車場打電話給托嬰中心，請他們協助我把走路還歪歪扭扭的學步兒和她的哥哥安全地帶進去，我的老大對我表示抗議。我傾聽他，他堅持自己不需要幫忙，然後我溫暖而堅定地解釋，為了我們大家的安全幸福著想，我每天早上都會打電話請學校幫忙，直到他妹妹走起路來像他一樣把握十足。我們就這麼做，過一段時間，我就能獨自帶他們進去了。

他已經看到在我們家裡，年長與年幼者的體能都隨著時光流逝而有所改變。我很留心對這些議題開放討論，不會只用空洞的一句「媽媽需要休息」回話，這有助於他們理解情況。讓他知道他的聲音有分量也很重要，儘管安全考量有時候還是勝過了他的偏好。

我們的小孩看著母親對社區有所付出與貢獻——同時也接受幫助。我的朋友凱特經常帶著裝滿一個大容器的食物來，讓我們那週輕鬆一點。雪琳會來與我喝杯茶，在我們聊天時幫我抱著孩子。翠西工作整天、我在家一打二時，海蒂來把我兒子借去和她的孩子玩一個早上。我們真的有一個村落，我們十分榮幸能參與其中。

我辦得到——因為我是最會窩在沙發看電視的人。我喜歡為家人烹飪（我親近的人都知道我過去數十年一直想為一家子煮飯，現在我真的成家了，這很棒）。我向小孩解釋為什麼天然的原型食物很好，但我也對皺巴巴的袋裝零食或可擠出來食用的小包優格沒有意見，反正那也還可以。我最大的樂趣之一是為小孩製作蘋果船。我們在夏天則用椰奶和冷凍水果做冰棒。

・・・

我祈願孩子知道充實滿足的感受，並對自己是誰感到驕傲。我希望他們擁有所需的一切，儘管那未必總是他們想要的。成長過程中有個身障母親，他們會認識不同類型的力量——韌性、發聲的勇氣、在必要時說不。但他們也能在機會來臨時好好把握，同時知道他們總是可以根據情況是否公平合理，來決定是否踩剎車。

我知道他們將體會艱辛痛苦，一如所有人，但或許他們看著兩個母親合作，盡力提供他們最美好的生活，會使他們有較豐富的背景脈絡去理解人世之苦。他們會看著兩個母親每天用友善尊重的態度（有時候氣呼呼，人難免有脾氣）商量各種情況。身心障礙不會讓你變成勵志人物，與身心障礙者結婚也不會讓你變成充滿愛心的照顧者。我們是盡最大努力的兩個平等的人。

• • •

我希望我的孩子知道，愛比身體更堅強，一副痛苦的軀體可以對他們付出如超級大潮般猛烈的愛。

對吧，我想我辦得到。

賈斯柏．皮許是播音員、說故事的人、人與人之間的串連者，有時候擔任主婚人，總有許多計劃正在醞釀發酵。賈斯柏和妻子與兩個孩子住在維多利亞州中部的Dja Dja Wurrung部落。

布萊恩・愛德華茲——取自與伊麗莎・赫爾的訪談
Brian Edwards

我的伴侶宣布懷孕時，我只有十八歲。我的心情五味雜陳，既興奮又緊張，準備好展開前方的冒險。但此時焦點突然轉移了。正當我殷切盼望寶寶的到來，我被診斷出「圓錐角膜」的問題，這種疾病發生時，角膜（眼球正前方透明的半圓形表面）會變薄，逐漸向外突出為圓錐狀。我很害怕，拚命維持狀況，好迎接孩子的誕生。

我的視力一點一滴地惡化。醫生告訴我，我有一顆板球大小的腦瘤。我是板球球迷，所以這個對照畫面在我腦中揮之不去。儘管知道我的視力將會減退，我仍懷著希望，期待有一天能完全恢復。我緊抓著原本的人生，用盡全力守護它。

我的兒子柯達出生時，助產士把他抱過來給我。他伸手向上輕輕碰到我的鼻子。我往下看，和他視線相會。他藍色的大眼睛就像清澈透明的池水。我現在仍清晰記得他當時的雙眼，還有他碰到我的鼻子時抬頭看著我，彷彿在說：「爸爸，你看，我在這裡。」

柯達出生的頭三個月，我看得到他，可以看著他臉和身體的成長變化。但隨著日子過去，他變得愈來愈模糊——直到我完全看不見他。我失明了，視力再不會恢復。

我很震驚，因為我一直以為我能恢復視力。我從未預期自己會變成視障父親。要調適並放下我熟悉的視力生活十分困難。我曾夢想和孩子沿著海灘散步、游泳、踢足球……我大受打擊。我對育兒生活曾經的期望和想像都消失了，必須接受那將有所不同。

柯達五個月大時，我陷入低潮，企圖自殺。我當時非常年輕，只有十八歲，還在為新的身分認同掙扎。跌落谷底讓我學到教訓；我答應自己再也不陷入那樣的低潮。我逐漸明白能活著陪孩子更好。

在柯達之後，我們有了大女兒哈萊，然後又生了小女兒莉娃。我從未見過哈萊和莉娃。我的伴侶懷哈萊時，我很害怕自己無法面對看不到她的事實。當時我還很難接納自己，總是聚焦在我錯過而非擁有的事物。我以為看不見孩子會讓我對他們的愛有所區別。我以前常常這樣質疑自己。但是，看不見其實讓我和他們更靠近。他們是我的一切，我也希望我是他們的一切。我給他們許多愛，是個不缺席的好父親。

我的腦中有每個孩子的樣貌。他們還是小嬰兒時，我會坐下請伴侶描述他們的某些特徵給我聽。在我念睡前故事或哄他們上床睡覺時，我會觸碰他們的鼻子和下巴，在腦中描繪他們的樣子。

喪失一種知覺時，其他感官的功能常變得更敏銳，但我的嗅覺從未進步，只有聽力變強。因此，換尿布很難，我只能憑觸覺完成。孩子還小的幾年很挑戰，泡奶尤其困難。寶寶哭時，我沒辦法如我希望地快速移動。幸好，有人發明了泡奶機，可以預先儲存設定，加入奶粉並注入正確的熱水量。

孩子還小時，我非常謹慎。除非有人支援，否則我不帶他們出去。我總是需要伴侶、母親或兄弟在我身邊。有他們幫忙，我才能安心帶孩子在社區活動。我偶爾用背巾揹寶寶，但總是擔心我會絆倒壓在他們身上，所以我只在逼不得已時才這麼做。說老實話，我們常搭計程車，所以我們其實很少一起步行。

我的兒子較晚才開口說話。他在兩歲時還不太會說話；如果他要什麼東西，就會用指的。但我當然看不到，所以我和他互動交流特別困難。

一天我拿著手杖問他：「你想去公園玩嗎？」我聽到他跺腳——他很興奮，像蜜蜂發著嗡嗡聲轉來轉去。接著，他跑去拿我的鞋子，放在我面前，不帶情緒地說：「鞋子。」我在那一刻明白，他知道我看不見。

每當我三歲的女兒哈萊想要什麼，她知道要過來抓住我的手，帶我走過去。最近她會說「牛奶」或「果汁」，一邊帶我過去冰箱。孩子的適應力真不可思議。

我的孩子還小。他們知道爸爸看不見，但對他們來說很正常。不過，我的老大現在十歲，開始問比較多問題，有時候會說他希望我看得見。他看到學校其他家長，看到別人的爸爸怎麼跟小孩互動。這不代表他對我的愛有所減損，只是他看到朋友和父親一起踢球，自然會做比較。我只安慰他：爸爸還在這裡，爸爸依然愛你。我只是做事方式有點不同，僅此而已。

透過我的障礙，我讓孩子看到，就算生命中出現阻礙，也不代表你就得退縮。我讓他們看到，你可以為你決心達到的目標奮鬥。他們用尊重的態度對待身心障礙者，因為他們對多元族群的各種樣貌有更深的理解與意識。

我們也是原住民。我是委拉祖利族人，雙親都是原住民。父親在我九歲時過世，所以我知道父親不在身邊的感受。這是我盡量不在孩子生活中缺席的原因。

我的小孩常說：「我們不是原住民。」他們學校有很多原住民小孩，如果你是白皮膚，會招來許多污名——說你不是真正的原住民。我反覆教育我的小孩，重點不在膚色。他們的爺爺、奶奶有較深的膚色，但即便如此，他們還是不覺得自己是原住民。

我總是確保家裡有夠多能代表原住民與身心障礙者的事物，也持續進行相關對話。

我認為很多挑戰不在家中，而是來自廣大的社會。許多人會一下子就跳進自己的假設。他們常說：「哇，你是盲人，還當了父親。」我翻了個白眼，說：「對，所以呢？」他們接著回：「哇，真了不起，你有三個小孩。」甚至有人問過我：「但你怎麼生養小孩？」我只回答：「和你一模一樣。我工作，買房子，做其他人都做的事情。」但他們還是說：「哇，你是盲人還做這些事情。」我認為原因都出在欠缺相關知識及身心障礙的代表人物。

我曾被歧視、嘲笑、盯著看。有時候餐廳甚至不准我和家人一起內用，因為我帶著導盲犬。

我想要的不過是和家人吃頓飯。我很沮喪，但我盡量保持冷靜，只說：「好，所以你不想做我的生意嗎？」

儘管這個社會在身心障礙者前進的路上製造許多挑戰與阻礙，我想跟所有想擁有小孩的視障人士說，任何事都是可能的。只要抱著開放的心態投入就好。你也必須有耐性，這絕對是視障人士育兒的成功關鍵。

例如，當嬰兒哭著要喝奶，你會花較長的時間才找到奶瓶——所以你需要有耐性並保持冷靜。挑戰性很高，但同時也帶來回報。

你也必須接納自己。

我花了很長的時間才辦到，但現在我可以說我是個驕傲的身心障礙原住民。如果分享我的故事能為別人賦能，那真是很棒。大家都說：「看看他，他是原住民、身心障礙者、還是一位父親。他好堅強，真是勇敢。」我比較實事求是。沒錯，我經歷過一些困難。我經歷過高峰與低谷——人生就是這樣。不過，我深愛我的孩子；他們就是我的全世界。我花了很長的時間才對新的身分認同感到自在，但多虧了我的孩子，我才能對我是誰感到驕傲。

布萊恩・愛德華茲是驕傲的委拉祖利族人、參與「關懷原住民孩童與家庭」（Absec，澳洲原住民組織）及全國殘障保險計劃的身心障礙倡議者。失明之前，他在Redfern All Blacks橄欖球隊擔任球員超過十年。現在他參加盲人板球比賽。他也是在世界各地表演的DJ。

克里斯蒂・福布斯——取自與伊麗莎・赫爾的訪談

Kristy Forbes

我有四個美好的孩子，分別是二十三歲、十五歲、十歲、七歲。他們都有自閉症——我和丈夫也是。我們全家的生活，與神經多樣性人士的身分認同、文化、生活型態密不可分。

我在七年前懷老么時感覺快樂而正向——我的寶寶快要來了。有一次，我去找助產士做例行產檢，她轉向我說：「呃，妳不會想再生小孩了吧——對妳這種人來說已經夠了。」

我心想，這到底是什麼意思？我的腦袋轉不過來。她指的是我的孩子都有自閉症嗎？她認為我不想再生出自閉兒了？然後我意識到她說「對妳這種人來說」——她指的是我是個身心障礙母親。

我以身心障礙為榮，擁有健康的自我。所以當她那麼說時，我心想，哇，妳不知道妳剛才說的話代表了歧視、嚴重削權、還可能阻斷母子之間的連結。妳只基於我是自閉症人士，就對我的育兒能力做出粗略的假設。當你尋求別人的支援，對方卻抱持著這樣的態度，要維持正向的自我認同十分困難。而他們甚至不明白錯在哪裡。

我認為這種態度之所以存在，是由於我們過去八十年都用同樣的方式書寫自閉症。教科書裡的自閉症和現實生活中的自閉症很不一樣。現今的自閉症診斷標準描述的是痛苦受創的自閉症人士——而非受到充分支持與理解、需求獲得照顧的自閉症人士。我是後者。我是自閉症人士，經過四十二年的奮鬥，現在正勤奮工作養活自己。我努力建立我的資源工具箱和支援網路。而且，我是有一點優勢的。

如果沒有看到一些明顯的跡象（例如自我刺激、搖晃身體），大部分的人不會知道我有自閉症。醫療專業人士傾向支持教科書上的內容——他們並未傾聽成年自閉症人士的親身經驗——自閉症社群與自閉症「專家」（後者多是神經典型的人）之間存在巨大的鴻溝。

我並非一直都是驕傲的身心障礙者，但擁有小孩讓我得以克服內化的健全主義。我現在懂得挑戰自己的想法，我在「這是因為我有自閉症或這是因為我有注意力不足過動症」的念頭出現時，會振作起來。這種自我對話出現時，我想著我的孩子。我看著他們走過我在他們這個年齡曾經歷的事情。我的經驗完全不同——我被拒絕、拋棄、誤解、否定。孩子使我得以從宏觀的角度看待事情。現在，我能夠對自己說：「如果我的孩子面對這項挑戰，我會鼓勵他們疼惜自己、原諒自己。我會提醒他們這是身心障礙，不是任性刻意的行為，也不是懶惰。」

我的身心障礙不只是我的一小部分。有些人把自我和身心障礙區分開來，但我的障礙——自閉症——是我存在的核心。自閉症影響了我的一切：我的思想、我的感受、我理解環境的方式、我選擇的食物、我怎麼睡覺、我對事物的觸覺、嗅覺、視覺、味覺、聽覺——當然還有我育兒的方式。我生活的一切都受身心障礙影響。

身為成年的身心障礙者，你在這個社會中會不斷遇到別人的健全主義，要不去內化它很困難。你覺得世界上好像只有自己在面對健全主義，你既孤立又寂寞，所以有時候會責怪自己。

我小時候不知道我有自閉症。我只知道我和別人不一樣。我對這世界有遠比同儕更深而廣的體驗。他們有時候看著我，彷彿在說：「妳到底在講什麼？」我在學校被排擠。我老是得參加品行輔導或行為修正課程。我不知道這事出有因，只以為我生來就很糟糕或有缺陷。自閉症和注意力不足過動症的診斷標準以男性的表現為基礎，所以許多女性沒有被診斷出來。

神經多樣性會遺傳，但人們太少討論到這一點。我們的祖先就有神經多樣性，就在基因裡。當你理解自閉症不是醫學疾患，而是一種身分認同與文化，你就會明白，有時候我們共同出現的一些狀態，其實是在生活中未受到適當支持的結果。神經多樣性人士的家族裡可能存在跨世代的創傷。我的原生家庭承受了許多創傷——大家拚命克服創傷，但沒怎麼提供滋養。我不怪任何人，那只是為了求生存，而且當年我家人不像我們現在這樣了解神經多樣性。所以以前我只要犯錯、沒有照別人的期望過活，就會受到責怪訓斥。

有很長一段時間，我不曉得我的孩子有自閉症。但我們全家終究陷入了危機，簡直像是我們必須先跌到谷底才能遇到轉機。我們家老三現在十歲，沒有口語，需要持續而大量的幫助。你可以說她的表現符合教科書上的自閉症，這確實十分明顯也無可否認，但當她得到診斷時，我們並不知道其他孩子也有自閉症。我們以為他們是「正常」的，因為我們雙方家族中的「正常」樣貌就是自閉症。自閉症人士常常在某種特定的家庭文化中長大，卻未察覺那是自閉症文化。

起初，孩子得到診斷讓身為母親的我深受打擊。我想，我養出了身心障礙的孩子，是世界上最糟糕的人。我究竟該怎麼面對？我的眼前一片黑暗，因為我在抵抗事實。我心想，我可以治癒自閉症。這是我的錯，我一定要修正錯誤。現在想到這些讓我很難過。我辭職當全職照顧者，壓力很大，但這麼做讓我得以和孩子獨處。我待在地板上，就只和她在一起，專注回應與觀察她。我因此開始以不一樣的眼光看事情，我看到的和醫療體系告訴我們的大相逕庭。我也意識到用醫療觀點理解我的孩子，讓我在當母親時變得多麼疏離。醫療專業人員一直說她的自閉症需要治療——我認為必須修正和改變她的念頭就來自於此。現在，我不向「專家」的著作尋求幫助，而是花更多時間閱讀和傾聽成年自閉症人士所說的話。當我對自閉症的了解更加深入，我很快就明白自己也有自閉症。我接受了衡鑑與診斷，接著，我們家的成員也分別經歷了這些，整個過程十分漫長。現在我知道我有自閉症，不再責怪自己。不管我是哪種母親，我的孩子都一樣有自閉症。這不僅無妨，還是美好的一件事。

我逐漸明白我把自己具有神經多樣性卻不被理解的創傷投射在孩子和他們的經驗上。當我開始處理內在未曾被看見、聽見、了解、承認的部分，我的孩子開始改變了。我們全家開始轉化，開始探索我們身為自閉症人士、活在自閉症家庭文化中的意義，真不可思議。我們現在完全擁抱與讚頌我們的神經多樣性表現。我們都是不一樣的。我們全家合作發掘彼此需要的支持。

每當孩子吵架或對彼此不滿，我們總是回到：你的手足用身體在傳達什麼？或者，我們分析：現在到底怎麼了？我們慶祝自閉症驕傲日，持續討論身為自閉症人士代表的意義。我們現在已經可以輕鬆地讚頌自己的身分。

我們全家一起經驗的最美妙的事是投入自閉症社群。我所謂的自閉症社群是其他自閉症家長和家庭。專業人士不會要你去做這件事，但我們的生活因此而產生了根本性的變化。

媒體、家醫診所候診室、婦幼保健護理中心充斥著大量育兒資訊，關於怎樣對我們和孩子比較健康。但當你是自閉症人士，裡面大部分的內容都對你和孩子不健康。例如，許多自閉症人士很內向。我們可能有社交焦慮，所以孩子開始上幼兒園或中小學對身為家長的我們可能很困難，和其他家長共處讓我們焦慮。處在團體中、花長時間和很多人在一起對我們而言並不健康。我們需要許多休息時間，很容易就負荷過重。我們的感官可能在短時間內超載，接著，我們就關機了，這時候我們更難照顧自己和孩子。自閉症人士需要好好發掘對自己有效的方法，並質疑無效的方法——就算那是「專家」的推薦。

我們家在日常生活中盡量不訂期限或時間限制，以免形成壓力、導致恐慌。原因在於我們也有「病理性迴避要求」（pathological demand avoidance，簡稱 PDA）。ＰＤＡ是自閉症的一種特定表現，我偏好稱之為「追求自主的頑強驅力」，這個專有名詞由我的朋友兼同事溫·勞森博士所創。基本上，它指的是只要任何事情威脅到我們的自主性，我們就更加焦慮。所以我們盡量用不會升高焦慮的方式安排生活。我們不會要求早上醒來之後要馬上起床，一起吃早餐。我們接收彼此的訊息，互相給予支持和回應，拋開小孩應該在特定年齡達成什麼目標的社會標準。如果我七歲的孩子需要我幫她穿睡衣，我會照做，不會藉此羞辱她。

身為家長，我也需要為自己的需求設下界限。我必須對孩子解釋：「我現在真的忍受不了噪音。我有兩個選項，一是戴上耳機，你們繼續彈鍵盤樂器，沒問題。或者，我不戴耳機，你們繼續製造噪音，但接下來我會無法忍受，變得脾氣暴躁。」我不是在威脅小孩，只是冷靜地解釋接下來會發生的事，好讓他們理解我的選擇。他們可以產生共鳴，因為他們也有相同的經驗。向孩子提起我的自閉症經驗，能幫助他們理解個人空間對我的重要性，以及讓他們在需要時擁有空間的重要性。我向他們示範如何自我倡議。

我在每天下午五點戴上降噪耳機，因為到了一天的這個時刻，我可以承受的噪音、觸碰、談話已到了極限。幸好我已失去了嗅覺和味覺，因為晚餐可能是場噩夢。我是觸覺防禦[18]的人，所以用餐時間對我壓力很大。我不喜歡碰濕濕的東西。摸到又冷又濕的東西不只讓我覺得手上有種討厭的感覺，那完全是種神經生物學的反應、全身的經驗。我覺得噁心，只想剝下我的皮膚。有些感官刺激讓我想發怒。但當你為人父母，你必須整天設法克服這些，因為有些時候你只有自己一個人照看孩子。你就是得換尿布或清理小孩生病的嘔吐物。有時候我為這些事情哭泣，在我得知自己有自閉症之前，我不明白為什麼這對我如此困難。

我十歲的孩子會抓一把麵粉吃下去，然後咳嗽，弄得整個廚房到處都是。這確實讓我捧腹大笑，但我真的苦於應付地上的食物、碎屑等等，為此壓力很大。我和丈夫合作無間，因為有些事情他應付得來而我辦不到，也有些事情我應付得來而他辦不到。我現在明白我其實不必克服這個障礙，只要戴手套就好！

從小到大，別人總是叫我堅強一點，所以我逼自己堅強。我在進入成年時徹底否定自己面對的挑戰，不願因應我的需求做調整，因為我以為那代表軟弱。當時的我會拒絕戴手套、耳機或穿寬鬆舒適的衣服等方法，但我現在一回到家就換上最舒適的衣服。我已經可以允許自己因應需求調整。

有時候我必須做些讓我痛苦的事，但我發現戴耳機重複聽古典樂很有幫助。任何反覆的東西對我都有自我刺激的安撫效果，所以我不必搖晃身體，可以一遍又一遍地聽重複的音樂。這在神經生物學層次上對我也有同樣的效果。

我們可以對彼此說：「我現在不想說話」，而且大家都不會往心裡去，這真的很重要。我們的

18 觸覺防禦（Tactile Defensiveness），指對觸覺過度反應。

態度不是粗魯無禮或不耐煩，只是用自閉症人士的方式溝通。我們在家不必戴著面具。對我們這樣的家庭來說，支持成員在家做真實的自己並感到安全非常重要。

我們家裡有迷你彈跳床可以跳躍，也有可以躺下的空間。我們有一塊防撞墊，可以衝上去跳躍。我們的屋頂上吊了感官訓練鞦韆。音樂對我們也很重要，所以我們有爵士鼓和鋼琴，有很多創意表達的機會和出口，也有很多獨處的空間。我確保自己在家可以放聲尖叫，我在白天保留時段，出去到棚屋裡大聲播音樂，照我需要的方式任意活動身體。我真切明白無論以什麼形式，完成必要的自我照顧是一種責任，而非奢侈。因為我若不投入自閉症文化——也就是自我刺激的動作、寫作、音樂這些東西——如果我不投入這些帶給我喜悅的事物，我的孩子就無法享有我最好的照顧。

家是我們的安全空間，在這裡我們可以做自己。出門在社區活動對我們可能是很大的考驗，我們永遠無法預料全家出門會很愉快或只撐得了兩分鐘。我們對此極度接納，也因此不常一起出門。我們的替代作法是雇用幫手，每週幾個下午帶小孩個別出去做些好玩的事情，不會因為手足受不了，就需要提早回家。我和丈夫會分別帶一個孩子出門，或我們一起出門，但有哪個孩子選擇不一起去就待在家。從前，我會因此而氣惱，但現在置身在自閉症社群中，也認識了其他自閉症家長，我們理解這在神經多樣性家庭中很正常。我們之中有一、兩個人今天沒辦法出門，或者有時候我們出門了，但覺得受不了而必須離開——都沒關係。

我走到哪裡都帶著降噪耳機。我未必總需要戴上耳機，但在城裡必須戴著耳機來緩解我感到威脅時的反應。我十歲的女兒不管在哪裡，多數時間都戴著耳機。我們還有一些療癒小物——有許多減壓工具可以隨身帶著走。

我認為自閉症家庭的艱難之處並不在於我們有自閉症、不是我們生活的方式，而是外界對我們的接納不足，以及知道我們的孩子將面對什麼，因而感到恐懼與沮喪。多數人在生小孩時不需要考慮怎麼幫助小孩面對歧視。自閉症人士的孩子也有自閉症的機率很高。我在懷老么時，已經在思考我必須怎麼跟孩子談，才能幫助他準備好面對這世上的歧視。

曾有人對我們說：「你們已經有三個自閉症的孩子了。為什麼還要再生一個？」沒有比這更糟糕的話語了。他們不明白他們在說的其實是：「妳的小孩不完整，妳為什麼要再生一個像他們一樣的小孩？」

我拒絕為了撫平別人的不適而改變我的人生、我的夢想與希望，或我孩子的人生、夢想與希望，那是在助長無知。我的孩子正茁壯成長，而我是個快樂的母親。身為成年的自閉症人士，我覺得有責任挑戰整個社會文化對我們的制約。

自閉症家長會經驗無數次的自我懷疑，因為他們所在的世界上，所有可及的支持資源都說他們的育兒方式不恰當、他們的孩子因為父母有自閉症而苦苦掙扎。事實上，這個社會就奠基在神經典型的標準之上，完全不是因為你身為父母實際做了什麼。但自閉症家長卻要為自己的身心障礙、以及孩子的身心障礙負責，並因此受辱。我拒絕羞辱。我在知道老么因為我們的基因，將和我們其他人一樣有自閉症的情況下，還是生下了他。

當然我還是有害怕的時候。有時候我還是覺得自己辜負了孩子。我想這是任何父母都有的正常經驗。但當我們有自閉症，我們自動為任何我們以為應該成功卻失敗的事情扛下責任。我們必須允許自己活出希望與夢想。我們有權受到公平對待。我們和其他任何人一樣有同等權利享受有品質的生活。當我們想要小孩，有個不可思議的自閉症社群歡迎我們，在為人父母的路上為我們增能賦權。

克里斯蒂．福布斯是養育自閉症孩子的自閉症家長，支持神經多樣性人士及其家庭。她有豐富的教學經驗，現在投入於醫療保健專業人員的訓練，並為養育神經多樣性兒童的家庭創造支持空間。她也是法學的準博士，專長為反歧視法。

格雷姆・因內斯——取自與伊麗莎・赫爾的訪談
Graeme Innes

小時候別人告訴我，只要下定決心，我想做的事都能辦到。我的父母從不因為我的身障對我另眼相看。他們對待我的方式和對我視力正常的姊姊弟弟一樣。

我這輩子沒遇過有人限縮我的選項。從來沒人對我說：「你是盲人，沒辦法為人父。」所以我一向認為我可以。

我在八〇年代認識了我的一生摯愛莫琳，她當時忙著養育前一段婚姻所生的兒子。里昂當時四歲，活力充沛。他很快就在我生命中占有很大的分量。

我和莫琳認識幾年後，我們結婚了。當時我們都忙於事業與養育里昂，所以協議我們兩人不生孩子。但在內心深處，我一直希望我們的家庭有一天能壯大。

里昂沒過多久就明白我是盲人。剛開始的幾年，追著他跑來跑去玩鬼抓人的遊戲，是我們的一大樂趣。我現在仍能清晰回想起他迴盪在屋子裡的笑聲。

我們剛同住時，我把使用多年的電視一起帶去，讓多出來的房間能有另一台電視給里昂使用。里昂走向莫琳，輕拍她的肩膀，悄聲問道：「所有電視都是綠色的嗎？」那台電視的彩色顯像管已經壞了——但我不知道！我和莫琳笑得停不下來。

里昂開始上學後，我們為了莫琳的工作從伯斯搬到倫敦。我每天帶里昂搭大眾運輸上下學。這項任務工程浩大，需要搭幾趟公車並在倫敦地鐵轉車幾次。我們決定買附有一小段彈性繩索的手銬，一端綁在我的手腕上，另一端綁在他的手腕上，我就能隨時知道他在哪裡。里昂表示抗議——他真不想用這個東西——但我們向他解釋，最後他同意了。我們第一天啟程後，在公車站等車。我站在那裡，不知道里昂悄悄繞著公車站牌轉了三圈，繩索也繞了三圈。公車抵達時，我們兩人都動不了，因為繩子纏在一起了。我現在想起來覺得好笑，但當時只想：「好吧，隨便你，你自己決定的。」然後鬆開手銬，留下繩子掛在站牌上。那是我們最後一次做那類的嘗試，但後來完全沒遇過問題。里昂會牽著我的手，就算他短暫放開手也不會走遠，總讓我能聽見他的聲音。我十分倚仗我們之間的信賴關係。

我們在倫敦待了十八個月，回到澳洲時，莫琳問：「你覺得我們生個孩子怎麼樣？」我非常開心，舉雙手贊成。我一向想生小孩，但知道必須由莫琳來做決定。

發現莫琳懷孕那天，我剛下班回家，告訴她我辭掉了全職工作。真是太巧了！我本來在澳洲航空擔任平等就業機會主任，但對我的工作角色並不特別滿意。身為合格律師，我覺得我能以顧問身分或擔任法庭成員接到足夠的工作。我辭職那天，莫琳剛好發現她懷孕了。這對我們來說挺嚇人的。但我是對的：我找到了足夠的工作量。所以莫琳請育嬰假時，我們的財務依然穩定。

一九九七年八月，我們美麗的女兒瑞秋出生了。隨著瑞秋長大，莫琳重返記者的職位。她在澳洲新聞集團擔任夜班審稿編輯。我在下午三、四點下班回家，莫琳在六、七點離開，工作到凌晨一、二點。所以我們在中間交接工作。我負責一大早開始一天的工作，接著莫琳準時醒來接手，我去上班。這樣的流程順利運作。與年幼的瑞秋共處的這段時光，是我人生至此最美好的回憶。

盲人為人父母，最困難的不是育兒本身，而是別人的態度。瑞秋出生之後，有一次我帶她去給孕產保健護士做檢查，護士對於我這個盲人可以照顧瑞秋表示懷疑，認為我應該帶她的母親一起來看診。真是傷人。不用說，我們後來就換另一位孕產保健護士了。

這種事經常發生，雖然令我沮喪，但我通常開玩笑說，讓我完成一件事最好的方法，就是說我辦不到。這麼做只會增強我的決心。我並非從未懷疑過自己能否當好父親，但聽到別人那樣表達，在受傷過後，總會增強我的決心。

以前，我有時候會帶瑞秋一起去上班。那時她還小，我在進行幾個審理工作時，她待在辦公室的角落小睡。我們搭火車通勤，我把她裝在背包裡。她拉我的耳朵導航，透過拉左耳或右耳來告訴我該轉向哪邊，對她來說是好玩的遊戲。

一天傍晚，我剛結束社會安全上訴審判庭一系列的聽證會，有個女人在中央車站走向我，問我叫什麼名字。我以為她在工作上見過我。接著她說：「你不該獨自照顧小孩。我要向相關單位通報。」我大吃一驚，回應她：「請妳離開，不要介入，不然我要報警。」事情就這樣結束了。

類似的事件還發生了幾次，但大部分是一天到晚會遇到的「微歧視」：別人對我表示批評、問隱含貶義的問題，例如：「你確定你辦得到嗎？」這比較常發生，尤其在我自己帶瑞秋的時候。別人在我一手拿著手杖、另一手牽著她時質疑我帶著她的能力，問我能不能正確安裝汽車安全座椅。她這樣安全嗎？這些人顯然懷疑我能否勝任，好像我會置自己的小孩於險境。很多人對身心障礙者持有狹隘與負面的態度，不僅針對育兒，也針對生活中的其他面向。我們知道自己能力所及之處，別人卻不接受。

瑞秋很快就明白我看不見；我得知這一點，是因為她對我說的話遠超過和莫琳在一起時。我們認為這是她很早就展現傑出語言能力的原因。在她約莫六個月大時，看到我在屋頂上清理新家的排水溝。大約五分鐘後，她第一次說出四個單詞：「不好、爸爸、下來、屋頂」。她也很快就明白她不能用身體動作告訴我她想要什麼，因為我看不到——必須製造聲響引起我的注意。

她會走路之後，我們的外出範圍拓展到公共場所，我必須和她建立信任關係。她知道我設下的界線，如果她想離開我身旁，必須和我說話，讓我持續聽到她在哪裡。當然，隨著她的年紀增長，離開我的距離也漸漸拉遠。

她不會偷偷溜走，所以我以前常假裝追她。因為她笑得太厲害，我每次都能抓到她。這遊戲很好玩。只要我說：「瑞秋，該回來了。」她都很聽話。

我和兩個小孩都好好談過安全的重要性，向他們解釋背後的原因。以前，我們要到擁擠的人群中，會把電話號碼寫在瑞秋的手背上。其實，到她年紀比較大，我們和其他朋友一起外出，她還要求他們這樣做。

瑞秋還很小的時候，我要搭配衣服時會請莫琳幫忙，但我們從小孩還小就教他們自己選衣服。我們也教他們做選擇及認識後果。瑞秋要出門時，我們常常問她：「妳確定妳穿得夠暖嗎？」她回答：「當然。」我數不清有多少次我怕她決策失誤，偷偷塞一件套頭毛衣或針織外套在她包包底下。這就是我們選擇的育兒方式。

瑞秋和里昂小時候，我念書給他們聽。比起莫琳，我更常負責念書。我所有的書都是點字書。我們經常共讀，以至於我到現在幾乎都還記得書中的文句。孩子大一點之後，我還是繼續念書給他們聽。我們最愛的系列包括《哈利波特》和《魔戒》。我念故事的時候，莫琳和里昂一起坐著聽，讀完一章之後，他們兩個都會大叫：「再讀一章！」

我努力將瑞秋因為我是盲人而接收到的負面態度減至最少。我搭計程車去托嬰中心接她，讓計程車在外面等我進去。我從未要求托嬰中心員工帶她出來找我，因為我希望她的經驗盡可能與其他小孩相近。瑞秋開始上學前，我花了一些時間熟悉校園內的路線，如果我需要去接她，就知道她在哪一班、該去哪裡找她。

不能開車有時候帶來考驗，增加了許多後勤工作，像是要搭計程車或大眾運輸工具。我會抱她，或牽著她走。我也認識了其他家長，所以如果需要，我可以請他們幫忙。

別人常問我看不見瑞秋會不會難過。我當然希望能看見她，但我思考過這件事之後已經接受現實，我不可能看到她。所以這對我來說沒什麼大不了，只是「哦，事實如此」，就像我不能開車一樣。我還能怎樣？就好像有些人告訴我，他們覺得我獨自在國內外旅行真是了不起。我只能說：嗯，我還能怎樣？我不喜歡其他選項，所以我就是要去旅行。

不過，我在心中有一幅瑞秋的影像。我總是在心中描繪事物的樣貌。我心中的影像是彩色的，而色彩大概來自我對物品的印象。但我始終堅守她在我心中的樣貌——你一定不驚訝，她在我心中是世界上最美的年輕女子。

我希望我傳承了一些韌性給瑞秋。她和多數人一樣在生命中遭遇了一些挑戰。我肯定向她傳達了關係中信任的重要性。她和伴侶的關係已經顯示出這一點。她和我及莫琳共享許多價值觀：平等、公平、不歧視。我想這些有部分來自於我是身心障礙者，她看著我應對那些負面經驗，並因此有決心與熱情為身心障礙者倡議。

我們一向教孩子要獨立思考、勇於表達自己的想法。我們分享對事物的觀點與立場，但不強加在小孩身上。當然，我們無法永遠取得共識。里昂和瑞秋分別有幾次對我們說，你們不能把小孩養育為有獨立思考的人，卻期待小孩永遠同意你們。我們鼓勵他們做自己。我希望他們覺得我們在養育過程中提供了充分的關愛與支持。

他們肯定認為我意志堅定又固執——我確實如此。這是我的長處也是弱點。但總的來說，每當遇到緊要關頭，我們永遠都站在他們這邊。

瑞秋已經是個成年女性。每年聖誕節，她都用點字寫卡片給我。她的點字程度好到能夠寫信給我。我認為這是強大的愛的表現。

格雷姆・因內斯是澳洲員佐勳章的受勳人，有許多引以為傲的事蹟：澳洲人權委員會與身心障礙者歧視委員會會員；在澳洲及其他地區參與重要的社會改革行動。但最讓他驕傲的是他的兩個孩子，以及擔任他們的父親。

曼迪·麥奎肯
Mandy McCracken

一位護士提醒我該和孩子說說話。老實說，我最近老是憂心忡忡——我已經住院超過兩個月了。我因為A型鏈球菌感染導致敗血症，為了存活下來，雙手雙腳剛被截肢。

我何其有幸——與感恩——能活著，但我不曾預料自己會在三十九歲成為身障者。我從未認識被截掉一條腿的人，更別提失去雙手和雙腳的了。這樣的人生還值得活嗎？我盯著天花板數小時，這個問題不斷盤旋在腦海中。但我不敢說出口——不管喜不喜歡，我和家人將必須習慣我新出現的身心障礙。

我被救護車載走的早上，大女兒莎曼珊和兩個妹妹一起擠在床上，藉由念故事來讓她們保持冷靜。那天，我們本來要慶祝莎曼珊的九歲生日——結果媽咪卻去了醫院。

「我可以幫妳。」那位護士建議：「我把電話放在妳耳邊，妳可以向她們道晚安，很簡單。」

我和丈夫羅德住在維多利亞州偏遠地區的楷模鎮，我是有三個孩子的全職母親，過著忙碌的生活。我在小孩的小學和幼兒園當志工，加入地方上的遊樂場委員會，並擔任家長會長。我每星期做兩次有氧運動，每週三晚上打籃網球。我們甚至贏過兩次總決賽，我驕傲地把首次贏得的獎盃展示在家中的書架上，閃亮的塑膠獎盃綻放榮耀。我的人生正符合我的想像。我在孩子人生前十年，趁著她們進入青春期、會叫我別煩她們之前，享受著與她們相處的幸福時光。我回到職場，幫忙償還貸款。

我現在卻在這裡，穿著醫院病袍平躺著，肩膀以下都包著繃帶，床單上，原本該放腳的位置空無一物。

我雖然感謝護士提醒我做母親的責任，她的話卻刺痛了我。老實說，我有點難為情自己忘記了她們。但既然羅德把她們照顧得好好的，我只要專注在復原上就好。

隔天早上，我床頭櫃上的電話鈴聲大作，她衝進我房裡接電話，我很緊張。她晚了一步才拿起話筒。

「啊，錯過了，抱歉。」她說。

同樣的場景又重複了幾次。幾位護士在忙亂中來去，在家人試圖聯絡我時從護理站跑過來跑回去。終於，一位護士熱得滿身大汗，在短暫問候後把電話放到我的耳朵旁。

「嗨，媽咪。」電話另一端傳來小小的高音。

「哈囉，小美女。」我微笑，瞬間放鬆下來。「聽到妳的聲音真好。今天上學怎麼樣？」我不確定我在跟老二或老三講話，希望多聊幾句可以搞清楚。「很棒。」她說。

「妳今天上課學了什麼？」

「沒什麼。」

她是我的老二伊索貝爾。她只有七歲，在電話上不怎麼健談。我繼續問問題，盡力引導她回答超過三個字，但不太成功。接著我請她把電話交給妹妹。

「嗨，媽咪。」四歲的泰絲稍微願意聊天一點，但只有一點。我盡量保持輕快迷人的語調，但在此刻，努力只換來疲憊。

那位年輕護士默默移動了雙腳。她握著電話在我耳邊，手臂肯定開始發痛。這間醫院的病房客滿，護士老是壓力沉重，所以或許她很高興這些小孩不太健談。

我和莎曼珊簡單講了幾句，最後輪到羅德。「嗨，寶貝。女兒都很興奮可以跟妳說話。」

「她們沒有太多話要說。」我難過地說。我知道他聽得出我聲音中的失望。「我害她們失望了，對嗎？」

「千萬別這麼想。」他回答。「妳知道她們愛妳，這不是妳的錯。給自己一點時間……之後會好點的。」

隔天晚上，電話響起時一位護士正好拉開門簾。「我換藥換到一半，妳可以撐住電話，我等一下再回來嗎？」她看起來有些慌張，喘到可以把劉海吹起。

「當然可以，慢慢來。」

她走到我的床邊，塞了一個枕頭在我肩膀上再迅速把電話放到我耳邊。

「這樣可以了嗎？」

我點點頭，她離開病房。

「喂？」

「嗨，媽咪，我是泰絲。」

「小泰絲！」天哪，她聽起來好小。

我問了她白天在幼兒園的情況。我們聊到她的老師、午餐吃什麼、和她一起玩的朋友。接著，電話突然從我耳朵旁滑走，我勉強用下巴接住。

「親愛的，我的電話快掉了。可以讓我很快跟伊索貝爾打個招呼嗎？」

小伊索的聲音從電話中高聲響起。

「親愛的，我的電話快掉了，抱歉。」她還來不及開口，話筒就砰的一聲摔到地上。我拚命向床下的電話大喊：「小伊索！抱歉，電話掉到地上了，我沒辦法撿……妳先掛電話，我們明天再聊。」

漫長的二十分鐘過去，護士終於回來了。

「電話在床下。」我盯著窗外漠淡地說。

她撿起電話，在耳邊聽了一下。電話另一端沒人。她把電話掛回去，小聲道歉後匆匆離開病房。

那晚，我為家裡的三個女兒哭泣，淚水洶湧而出。

• • •

接下來那個週末，羅德帶三個女兒來看我。此時我已離家將近三個月。儘管羅德向她們解釋過，我們知道第一次探病還是會很艱難。

門簾打開，三張小臉慢慢出現。

「嗨，女孩們！」見到她們真好——但她們三個看起來怕得要命。她們穿著最漂亮的衣服，頭髮仔細梳過，編了我沒看過的髮型。

「向媽咪打招呼。」羅德輕輕拉著伊索貝爾和泰絲的手往我這邊靠。

只有九歲的莎曼珊自己往前站在我的床邊。「嗨。」

伊索貝爾和泰絲注意到角落有一張椅子，趕快躲到那邊。

我們花了五分鐘左右稍微談一下學校和家裡的生活——但我知道她們其實等著看看媽媽究竟怎麼了。

「好，過來這裡，看看我的手臂。」

泰絲從椅子上跳起來，僵硬地站在我的床邊。她舉起一根小小的手指頭，輕輕按一下我的繃帶。

「別弄痛媽媽。」莎曼珊堅定地說，拉開泰絲的手。

「小莎，沒關係，我不痛。」我用平靜的語調解釋發生了什麼事，包括醫生怎麼用藥讓我沉睡、怎麼用一把特殊的刀截掉我的手腳。小泰絲沉默地坐在角落的椅子上聽，莎曼珊和泰絲沿著床邊走動，掀開床單看我的腿，一邊問各種問題。經過十分鐘左右，她們看夠了，小小的臉龐放鬆下來，很滿意掌握了情況。

「讓媽咪看看妳們買了什麼給她。」羅德提起一個大袋子，莎曼珊和泰絲開始一樣樣地拆裡面的東西。伊索貝爾覺得好像安全了而選擇加入，他們四個一起在我的病房裡擺滿手繪圖畫與卡片。她們輪流解釋圖畫的內容，羅德站在椅子上將她們的作品釘在牆上。最後，她們在病床附近的架子上擺了一隻泰迪熊。

現在，我的病房變得五彩繽紛，之後的幾個月，三個女兒每星期都繼續新增其他東西。我的遭遇在社區傳開來以後，她們帶來同學或家鄉親人送的數百張卡片與繪畫。

數星期過去，我習慣了泰絲爬上床躺在我旁邊時，病床上堆滿小小的鞋子和襪子。泰絲和莎曼珊經常在床上和新版本的媽媽一起放鬆休息，同時小心翼翼避免碰撞到媽媽疼痛的雙腿和手臂。

伊索貝爾是最後一個爬上來的。她每次的探視總是從坐在病房角落開始。我們不想催促她——她在那裡比較自在。終於有一天，當其他人在掛圖畫時，她走過來站在我的床邊，輕聲提出在她腦中迴盪了數週的問題。

「媽咪，妳會沒事嗎？」

「我會沒事的。」

「所以妳的手臂和腿也沒事？」

「對，會沒事的。」她看著我的繃帶，然後像她妹妹之前那樣，輕輕舉起小小的手指碰了碰。她安靜地停在那裡一會兒，然後慢慢爬上我的床尾，把她的涼鞋丟下地板。

當我恢復健康，女兒對新版本的媽媽愈來愈接納後，我們開始嘗試全家外出。首先去醫院的美食廣場，接著到當地商店，最後參加家庭聚會。透過這種和緩的方式，女兒習慣了當別人注意到我包著繃帶的膝蓋和手肘之下空無一物，盯著我們看的目光。

學校開始放假，既然出了醫院直走就是動物園，我們決定去玩一趟。

那天，墨爾本艷陽高照。羅德推著我的輪椅穿越人群，三個女兒在我身邊快樂地跳來跳去。動物園遊客滿園，但在我們經過時，人群自動分開。每張臉上滿是震驚，所有母親都急忙抓著孩子的肩膀讓他們看向別的方向。

「媽咪，那位阿姨怎麼了？」我一次次聽到同樣的話。

「別盯著看。來，我們來看這些猴子。」家長這樣回應。

我們拚命忽略別人的反應，但每次轉進一個地方，我們都成為眾人注目的焦點。小孩子對我們的興趣遠高於看動物，我的胸口逐漸感到刺痛。

「或許我們應該收費，開放他們直接過來看清楚。」我們來到狐獴區時，我對羅德低吼。

三個女兒跑到展場後面的灌木叢玩，羅德跑去看她們的狀況。我在等羅德回來時，一個大約七歲的小男在轉角奔跑，幾乎倒在我的腿上。他自己爬起來，上下打量我。

「哈囉，我叫傑克。」他快樂地說。

「哈囉，傑克。我叫曼迪。」我回他。

「我和爸爸一起來。我很喜歡狐獴。」他停了一下問我：「我可以問妳，妳的手臂和腿怎麼了嗎？」

我深呼吸一口氣，勉強開口。「嗯，我生了重病，必須截斷雙手雙腳。」

「真的嗎，為什麼？」

「我的手腳壞死了，如果不截肢，我也會死。」

「截肢會痛嗎？」

「不會。」

「他們用一把大刀嗎？」

「對，我想是的。但他們讓我睡著，所以我感覺不到。」

「哦，這樣啊。」傑克聽完離開了。

羅德回來坐在我旁邊，我還來不及告訴他這件事，就聽到傑克大喊：「爸，爸！你一定要來看！」傑克回到我在的角落，這次身後拖著他父親。「爸，來看這個阿姨。」

傑克的父親看到我時一臉震驚，馬上開始道歉並帶兒子轉身離開。

「爸，可是她的手臂和腿截肢了！」傑克抗議。

我和羅德看著他們兩人互朝反向拉著對方走。

我打斷他們大喊：「沒關係，讓他秀給你看。他剛才非常有禮貌——而且，如果你不來看，他會繼續碎念下去。」

傑克的爸爸露出微笑，看得出他放鬆了一點。他讓兒子解釋發生在我身上的事。傑克講完，他輕輕拉一下傑克的手臂。「非常謝謝妳。妳說得對，我們今天整晚都會好好談今天這件事。」他們父子走遠時，我聽到傑克還在一遍又一遍地講我的故事。

「妳還好嗎？」羅德問。

「嗯，我沒事。至少他友善地停下來和我說話。但我想我受夠了，可以回去了嗎？」我身心俱疲。

• • •

當我回到家，事情已傳遍全鎮。在我生病之前，羅德在當地大學擔任教師。教學就是他的生命。羅德哀傷他失去了事業，但百分之百投入全職父親的新角色。他煮飯、打掃、熨燙制服、綁馬尾、解釋月經。他繳帳單、買菜、幫小孩看回家功課。有些女性讚美他挑下重擔，說她們的丈夫不可能像他這麼能幹。

我回到家時，出現另一種角色轉換。現在，孩子幫我穿衣服、在我上廁所後幫我拉起內褲、幫我把頭髮綁成馬尾。接下來幾個月，三個女兒已經能自在地幫我裝卸義手或義足。

但鎮上其他人還未有機會習慣我的存在。我第一次回學校的停車場時，遇到許多震驚的臉龐。「妳媽媽是海盜！妳媽媽是機器人！」有一晚，伊索貝爾憤怒地哭著重複學校其他小孩說的話。伊索貝爾哭了一個星期，顯然不能再這樣下去了。

我打給小伊索的老師，安排一場召集全一年級生的演講分享會。教室前方，小伊索站在我的輪椅旁邊。等他們安靜下來，我直接切入重點。

「我在八月生了重病，有個難纏的傢伙跑進我的血液。你們完全不用擔心，你們不會被我傳染，但我當時要活下去唯一的方法是切除手腳。」我舉起新的塑膠手臂，大家都睜大眼睛看。「親愛的，幫我脫下來。」

伊索貝爾抓住我的義手，稍微轉一下，拆了下來。「哇！」孩子們覺得十分驚奇。他們從沒見過這種事。

「小伊索，妳要不要向大家解釋一下我的義手怎麼動？」

她舉起我的機械手，大聲解釋這隻義手怎麼張開、合起。「裡面有個電極，可以接收我媽媽手臂傳來的電脈衝。」她一字不差地仔細覆誦我每次解釋時說的話。「你們看——只要碰另一邊，就會合起來。」

小伊索讓大家傳遞那隻義手。接著介紹我的腿。她再次將它脫下，讓大家看義足怎麼運作。

小小孩馬上全部舉手，踴躍發問。

「截肢痛嗎？」

「手術刀多大？」

「他們用了鏈鋸嗎？」

「妳的塑膠手指有感覺嗎？」

「妳是海盜嗎？」

接下來的二十分鐘，話題百無禁忌。

接著，在我告訴他們我的肚子怎樣被切開、取出敗血症留下的噁心東西時，一個小男孩站起來。「我身上也有疤痕。」他掀起制服，指著橫過肚臍的一條長長紅線。「醫生也讓我睡著。」

• • •

那天下午，羅德推著我的輪椅穿越校園，學校孩子不再躲在母親身後指指點點，反而跑來向我和伊索貝爾打招呼。接著他們跑開，迫不及待想告訴母親我的海盜腿和機械手臂多酷。

事情已過了幾年，我現在在校園裡只是個普通家長。我到學校時不再有人看我。我不需要再和別人談我的義手怎麼運作，女兒也不必重述發生在我身上的故事。我只是曼迪，遊樂場上的一個母親。

•••

我生病已是八年前的事，女兒現在是青少年了。我花了很長的時間適應新的家庭動力，未來許多方面仍將持續困難。我的障礙讓我無法做許多我們以前習以為常的事。我永遠無法再看到附近山頂的風景，羅德和三個女兒決定再也不爬那座山，因為我無法同行。

但我如往常般忙碌。我自願幫助其他四肢遭截肢的病友適應新生活，並在學校演講。我在澳洲廣播公司工作，分享身心障礙者的故事，訴說我們如何創造收穫豐碩的活躍人生。

當女兒把我留在身後，爬上陡峭的階梯，我總是請她們幫我在最高處拍張照片。她們回來時，我很享受她們向我描述所見風景的那幾分鐘。雖然身體健全父母能做的事有些我做不到，但我可以和女兒同在當下——也可以向她們展現怎麼用開放的心態優雅面對人生中的挑戰。

全職母親**曼迪．麥奎肯**在三十九歲因為敗血症失去了雙手和雙腳，她的世界天翻地覆。現在，曼迪以演說家、作家、澳洲廣播公司說故事者獎金地區得主的身分，宣揚身心障礙者如何在面對挑戰的同時，享有活躍的人生。

希瑟・史密斯——取自與伊麗莎・赫爾的訪談
Heather Smith

在內心深處，我一直都知道身為智能障礙者，我能夠生小孩並讓孩子在我的照顧下長大的機會渺茫。

從小到大，我的家人總說我落後別人。我在學習和記憶訊息方面有困難。學校裡一直都有人在我身邊協助我的課業。那段經驗並不美好；我常被取笑，感覺自己像個異類。老師對我也有差別待遇。我不被允許做其他小孩可以做的事情。

我這一生都感覺與別人不同，但求學階段絕對是最艱難的一段時光。我在中學常常孤獨一人，藉由聽音樂和隨身攜帶我最愛的音樂明星（例如貓王）的照片得到安慰。

從學校畢業後，我開始去格林斯伯勒參加一個團體。我參加了一年左右，有個新的男成員加入。我立即受他吸引，而且常發現他看著我。他的眼神和善，人也友善。他邀我約會，和他共進晚餐。我馬上答應了。可以認識他並了解他的事真好。他和我分享他的故事，包括他怎麼會有腦傷。

我們晚餐約會了幾次，然後在一個週末和其他身心障礙者一起參加營隊。這個週末過後，我們確認了男女朋友的關係。

他一直告訴我他真的很想要小孩，但我當時覺得還沒準備好。

我在二十二歲懷孕，當時正在修讀教育。我很遺憾最終必須中斷學業，但門診、產檢、嚴重孕吐讓我極度疲倦，承受不了。母親是我很大的支柱，陪我去看診和參加親職課程。

我的伴侶得知我們有孩子了，他非常興奮開心。不知為何，我只覺得緊張害怕。

我直到生產才知道寶寶的性別。我選了一個男女通用的名字。

我在自然產時痛得不得了。醫護人員給我止痛藥，讓我吸笑氣，但沒什麼用。

女兒在清晨出生。我的產程很短，只有幾個小時。我的伴侶在見到女兒時很高興，而我茫然失措。

剛出院回家的頭幾晚很辛苦，我沒辦法安撫女兒入睡。我用奶瓶餵奶，但常常拍不出嗝。我當時不明白她脹氣很嚴重。

你可能以為像我這樣有智能障礙的新手媽媽，可以得到支援，但只有一位孕產護士來探訪過一、二次。我渴望得到更多幫助。我到現在都真心相信我其實應該獲得更多支援。母親住在一小時車程之外，可以的話，她會來看我，每次待幾個小時。有一位幫手協助我準備餐點和購物，但沒有人幫我照顧寶寶。

我真的很需要協助，若有第三個人在場會很有幫助。我的伴侶能力有限，因為他有過腦傷且只能用一隻手。對他來說也很困難。

最後，我得不到需要的支援，母親把我女兒帶到她家，直到我的個管員安排我們去親職醫院學怎麼照顧寶寶。我們花了五天的時間，但我們受到刁難，他們忙著幫其他父母，把我們留到最後。我和哭泣的寶寶在一起，得不到任何協助。我覺得他們因為我們是有智能障礙的父母而對我們有所歧視。

聽課學習了一個星期之後，我在回家時想，一切都會順利的。接著母親打電話給我，通知我兒童保護單位想見我。母親建議我把女兒交給她，才能把她留在家族裡。

與兒童保護單位會面時，沒有任何工作人員協助我，沒有人向我解釋發生什麼事，沒有用簡明英語書寫的說明。

十四年來，我都不知道我為什麼失去女兒。直到最近，我根據資訊自由法規取得了親職醫院的紀錄。他們說母親被要求搬來我家，幫我一起照顧女兒，但母親其實把我女兒帶到她家，我見不到她。

我失去女兒時悲痛不已。我的姊妹比我更常看到我女兒，因為她和母親住在一起。我徹底心碎，變得憂鬱。

不過我們全家會共度一次假期，我得以抱抱女兒。我親餵時她沒有哭，那真是最不可思議的時刻。

我現在依然不常見到女兒，她已經十五歲了。她真是個美麗的女孩。我到今天仍希望當時能有支援到位，把她留在身邊。她喊我希瑟，而不是媽媽。

我真的相信智能障礙父母需要得到機會，別人應該給我們足夠的時間來證明我們可以在支援到位下照顧好孩子。這不公平，感覺他們陷害我們，讓我們失敗。

但我很感謝我的母親和姊妹照顧她，我不希望她被送到陌生的寄養家庭。

我每天都想著女兒。我總是想著她在做什麼。我真希望我們有更多相處時間、更了解彼此。我想我們的關係正要發展，我們開始聊得多一點。最近她才剛問我能不能聊聊近況。

如果要選一件事告訴她，我會告訴她我愛她。不管結果如何，我永遠都會在她需要時支持她。我永遠愛我的女兒。

希瑟．史密斯是堅強的自我倡議者，擁護智能障礙者的權益。她根據親身經驗，在自我倡議團體中工作與擔任志工。她希望透過分享自己的故事創造改變。

卡蘿・泰勒
Carol Taylor

二〇〇一年七月，我和丈夫羅伯在外地度完週末，清晨開車回家時駛經路上的透明薄冰而翻車，車頂坍塌，我後頸遭到撞擊，脊椎當場斷裂。就在那一秒鐘，我的人生永遠改變了。

當我一動也不動地躺在汽車殘骸裡，我的雙腿似乎已經不是我的——它們去了其他地方，留在與我不再有關聯的過去。在一片混亂當中——我丈夫攔下一輛卡車、直升機降落在路中央——我異常冷靜，只專心想著：我還能生小孩嗎？

我和羅伯才剛新婚，我在雪梨北岸有一間生意興隆的法律事務所。我的生活美好——但還有下一步，就是生小孩。我和羅伯都來自大家庭，生小孩對我們很重要，但我們目前還無緣懷孕。我做了許多檢查，但還找不到我們難孕的原因。

我馬上就知道我將永遠不能走路，但經過急救和人工昏迷[19]，我在醒來之後發現手臂和手掌

19 又稱藥物引導昏迷，指由麻醉師控制劑量，為病患進行深度麻醉以保護大腦的措施，通常用於腦外傷急性期。

也癱瘓了。在我住院一年期間，手臂運動有部分復原，但雙手依然徹底癱瘓。我有超過兩個月無法說話。羅伯和姐姐頌雅輪流照顧我，我透過對他們舉起的字母眨眼溝通。當我能再次開口說話，問醫生的第一個問題是：「我還可以生小孩嗎？」由於我原本就有生育問題，加上四肢癱瘓帶來的併發症，我得到的答案是不可以。我接著對羅伯說：我們可以離婚嗎？幸好他的答案也是不可以。

相反地，在我首次坐上輪椅的那天，他帶我下樓到醫院庭院的咖啡廳，透過醫院的擴音器，我聽到我們婚禮當天播的音樂。我轉向角落，看到我父母、聖壇、神父——羅伯單膝下跪，我們重新交換了結婚誓詞。

我覺得不可能回到以前的生活了。我感覺好像失去了曾萬分努力達成的一切：事業、獨立、尊嚴、身分認同、自尊、自信。但當母親的夢想讓我繼續前進。我就是不想放棄。我非常執著，幸好羅伯支持我。我們經歷了總共三個週期的試管嬰兒療程、植入胚胎十五次、以及一次又一次的流產，前後為期八年。我可以受孕，但無法留住胎兒。

那段時間極其艱難。我和羅伯努力接受這改變人生的事件，再加上劇烈的荷爾蒙變化和反覆流產後的哀傷。那場意外與試管嬰兒療程共同形成一場憂鬱症與創傷後壓力症候群的完美風暴，占據了我接下來四年的人生，現在仍不時捲土重來。

我不知道我們怎麼辦到的。有那麼多人不看好我們，他們可能出於好意，但總是沒過多久就流露批判。許多居家護理師或照顧服務員對我說：「我知道妳想生小孩，但羅伯照顧妳還不夠忙嗎？」他們不明白羅伯完全支持我，我們站在同一陣線。

每次試管嬰兒療程中，在植入這些小小胚胎到體內時，他們會提供一張照片。我現在還把這些照片藏在抽屜裡，姊姊頌雅每次送給我的泰迪熊和禮物，我也都還留著——她每次都送一個小禮物給寶寶，希望寶寶留在我身邊。一次又一次聽到「對，妳懷孕了」，然後在十或十一週之後就失去寶寶，真是艱難無比。

我最後一次流產是二〇〇五年十一月，我們搬到昆士蘭之後。羅伯帶我到外地過週末，好幫助我面對一再的失落，但你不可能逃離這類問題，不管你去哪裡，它都會跟著你。他為我們訂了陽光海岸的漂亮民宿，我在第一天早上醒來時發現我開始分泌母乳。醒來時身體充溢著母乳卻沒有寶寶可餵，感覺真是超現實。我們兩人都深受打擊。

我當時候還不知道，就在三個月後，我會再次懷孕——這次是以老派的方式。

我從來想不到我丈夫會比我更早得知懷孕的事，但就這麼發生了。我因為四肢癱瘓而要永久插導尿管，一條管線從我的肚子出來，尿液直接由膀胱排入白天繫在腳踝上的小腿尿袋，晚上則排入兩公升的尿袋。早上，羅伯拆下夜間尿袋去廁所倒掉。因為我們已經嘗試懷孕很久，我其實沒注意到生理期晚了——但羅伯注意到了。他用小腿尿袋裡的尿液驗孕之後，從廁所出來，驕傲地宣布：「妳懷孕了。」我記得我只看著他：「你在開玩笑吧。」、「不是，妳懷孕了。妳真的懷孕了。」我們都哭了——那是我們第一次在沒有醫生、培養皿、試管的協助下懷孕。

我很難享受孕期，膽顫心驚。過去幾次懷孕，每次都在第一次超音波掃描時發現寶寶已生命垂危。「心跳有點慢。」他們之前常這樣說。我在每次超音波掃描前都被焦慮掏空，我睡不著，想像胎兒沒了心跳。

我拚命做對每一件事。我在醫生的指引下將四肢癱瘓的藥物降至最低劑量。我驚訝地發現，隨著孕程進展，我不再需要某些藥物。懷孕時，我的身體製造一種放鬆身體的荷爾蒙，不再需要靠過去五年服用的藥物來控制脊椎受傷後常出現的不自主腿部痙攣。

我會孕吐，但因為癱瘓，我不能在無人協助下嘔吐。我的噁心感只能用一種方式釋放。當你每天都需要某人用類似哈姆立克法的方式來幫你從痛苦中釋放，那個人就是你共度人生的特別對象。一天早上，我很確定自己要吐了，我對父親說：「快，我要吐了。」父親很肯定我頂多只會發出一陣好笑的乾嘔聲，所以打開我兄弟的一隻舊軍靴。我嘗試嘔吐的時刻為身邊的人帶來不少樂趣。

在孕期後半，我和肚子擠進輪椅時非常不舒服。情況糟糕到最後五個月只能臥床，好讓寶寶在肚裡待到三十七週。持續臥床使我的皮膚可能局部受損，必須保持警覺以避免褥瘡發生。羅伯每兩個鐘頭就幫我換姿勢，每天檢查我的皮膚兩次，察看有沒有長褥瘡的跡象或皮膚撕裂傷。更糟的是我持續有念珠菌感染。醫生擔心我的泌尿道受感染，那在脊椎損傷患者身上十分常見，且和流產有關聯。他們不願冒任何風險，所以讓我在整個孕期都服用低等級抗生素。羅伯在天氣晴朗的日子把我的床推到陽台，讓我的皮膚接受陽光的療癒。我在每天進行這些日照療程時，對於我能住在十英畝大、如此有隱私的地方，感到前所未有的感恩。

我的孕程具有高風險。醫生擔心我會在不知情的狀況下進入產程，判斷我比較適合剖腹產。我常形容自己有點像香腸酥皮捲，我的皮膚是酥皮，沒有感覺，但皮膚之內有一點感覺——我可以感覺到我們美好的寶寶在動。我會知道是因為我臉上到處都有一種刺痛的感覺，像被針刺一樣。知道寶寶活著且在我體內動來動去，帶給我無比的喜悅。

我的生產是個大工程：兩位產科醫生、兩位麻醉醫生、一位小兒科醫生，還有他們的助理、手術室護士、助產士——總共十二人的團隊。顯然，我不是唯一一個害怕出差錯的人。幸好，這場計畫周全的手術順利完成，我們的兒子達西平安來到世上，讓我們感到喜悅萬分，如釋重負。

計畫再周全當然還是有破綻，這次的最後出現在一根壓舌板和彈性膠帶上，用來固定插入硬脊膜外麻醉下針處的導管。我在加護病房復原時，那根導管鬆脫了。我非常了解我的身體，雖然我可能沒辦法知道出了什麼錯，但事情不對勁時我總會注意到。達西出生後幾天，我感覺到背部的麻醉下針處疼痛，請羅伯幫我看看。他注意到傷口化膿，醫院做了取樣化驗。接下來，一組醫護特警隊衝進我們的病房。原來我感染了足以致命的葡萄球菌，正從脊椎向上擴散到腦部。當時，對寶寶的愛、新手媽媽焦慮和疾病讓我陷入五里霧中。我們經歷第一次換尿布、第一次幫寶寶洗澡、努力以正確姿勢親餵的同時，也焦慮我接下來會怎麼樣。我接受抗生素靜脈注射以對抗感染，但擔憂抗生素進入乳汁——儘管醫生安慰我這很安全，但我從過往就醫的經驗學到，醫療體系未必總是對的。

我們留在產房三個星期，看著一對又一對伴侶進來又帶著新生兒離開。抗生素發揮了功效，但完整療程需要兩個月的靜脈注射。幸好，一個由重症專科醫師與藥師組成的團隊推出了一種系統，讓抗生素透過中心導管從鹽罐大小的金屬罐緩慢釋放。這種方法只需要一位護士每天來訪調整藥物。我們終於可以帶寶寶回家了。

離開醫院工程浩大，但終於到了只有我們在車裡，寶寶坐在後座的提籃裡。我們很長一段時間以來都有許多人支援，忽然只剩下我們自己感覺很奇怪。回到家裡，我們專心建立起照顧寶寶所需的簡單流程，並想著接下來的夜晚，屋內有一陣緊張的靜默。

剛開始，我不敢和達西獨處。只要他一咳嗽或咯咯叫，我就擔心他可能需要幫忙，而我無法大聲呼救引起注意。我至少花了六個星期，才能在陽台安心地單獨坐在他的推車旁。我擔心無人協助時我的身體無法保護他，這種焦慮從未完全消散。

和多數的新手父母一樣，剛開始幾個月的歷程是一條陡峭的學習曲線。我們在客廳設了搖籃，讓他白天睡覺時也在我們身邊，結果過沒多久，我們就整天坐在昏暗的房裡，不願製造任何一點聲響，就怕吵醒他。

能夠親餵對我非常重要。我因為身心障礙而感受到額外的壓力，想證明我盡力成為最棒的母親。我在人們相信「親餵最棒」的年代長大，如果我的做法不是最棒的，豈不就減少了我當選年度母親的機會？親餵的議題把我搞得不成人形。我深陷其中，覺得如果我不能親餵，就是個「不如人」的母親。我需要在協助下才能親餵，因此問題更複雜。起初，我的奶水充足，也幸好達西含乳沒有問題。我用哺乳枕把他放在輪椅桌板上，我強壯的二頭肌可以確保他在白天是安全的。但夜裡平躺在床上時，我的手臂派不上用場。我的手臂只有部分運動功能，無法在沒有三頭肌的情況下抵抗地心引力。所以羅伯得為夜奶起床，把達西抱到我胸前。我現在仍能看到羅伯低著頭坐在堅硬廚房木椅上的畫面。他為了預防小寶寶從我懷中掉下來，幫我抱著他確保安全，於是選了這張椅子，免得自己忍不住睡著。

我有時候擔心那些不看好我們的人是對的，擔心羅伯的確承擔太多了。我被罪惡感吞噬，當我的奶量開始減少、達西體重下降時，這種感覺更加強烈。寶寶出生十六週時，我醒來發現乳汁已完全停止分泌。事後回想，這完全在預料之中，畢竟我在生產過後身體極度不適。我記得我因此視自己為失敗的母親而焦慮到了極點。我家族中的每位母親都至少親餵一年，而我卻連她們的車尾燈都看不到。我向一位助產士聯繫求助，他建議我服用葫蘆巴膠囊，結果有效了幾天，但無法長期維持。

我最終輸了這場戰役。我如此抗拒瓶餵的原因之一，是我以為自己沒辦法拿好奶瓶。我害怕我必須把餵奶的親子連結外包給身體健全的人。

儘管我們有幸擁有全世界最棒的保母麗茲（達西喜歡喊她惠茲），我仍痛恨外包任何育兒工作，就算是最小的責任也一樣。我為自己不能幫寶寶洗澡或換尿布而感到嫉妒。我想自己做每一件事。但在羅伯和麗茲的幫助之下，我學著適應、妥協、克服這個難題。

幸好，我們找到一種塑膠奶瓶，中間設計了一個洞。我想這個設計是為了讓嬰兒的手可以握住奶瓶，但對我再合適不過。我在餵達西時可以讓奶瓶懸掛在我的大拇指上。我不知道現在是否還生產這種奶瓶，但它的出現真是為我扭轉局面。我後來換了一支覆蓋了堅固防滑塑膠的玻璃奶瓶。外層的防滑塑膠使我得以保持奶瓶的平衡，有點像黏在我身上。

到最後，我不知道當初何必大驚小怪。達西很快就能拿奶瓶，喝奶邊從輪椅桌板上的舒適座墊盯著我看。所以我只需要一點創意，仍能擁有餵奶時光的親子連結。羅伯繼續在我睡覺時負責半夜兩點的瓶餵；這是他們兩人的特殊時光，現在他換了一張比較舒服的椅子。

除了哺乳枕之外，當時沒有太多商品對我們有幫助。我們抱著樂觀的心態在附近的嬰兒用品店搜尋，找經過改造之後可以幫助我做到更多或更靠近寶寶的用品。我們也向身心障礙社群求助，但這在當年困難多了。幾乎沒有任何關於四肢癱瘓者坐輪椅育兒的出版品。許多下半身癱瘓的女人生了孩子，一些人分享了經驗，但坐輪椅時有功能健全的雙手，與雙手也癱瘓是兩回事。

有時候我們帶達西到我們的大床上。我沒辦法在床上獨立移動，所以不可能翻身壓到他，但我們用了一個方便的小工具讓達西維持固定位置並確保安全。在我們安裝嬰兒床時對我們幫助最大的是一群高度投入的志工，他們叫做昆士蘭身心障礙者技術援助（TADQ），由具有工程或其他技術專長的退休人士組成。達西還很小的時候，我們用羅伯家族的搖籃，他們家幾個世代的孩子都用過，但達西很快就睡不下，是時候換到嬰兒床了。

我希望自己能把寶寶放到床上，在早上抱他起來。我們找到一張嬰兒床，前方有拉門與彈簧式開關，所以我用拳頭敲一下操縱桿，嬰兒床的門就會彈開。最重要的是我們調升了那張嬰兒床的高度，所以床墊和我的輪椅桌板等高。剛開始，我還是需要協助，但達西大一點之後，我可以用桌板乘著他到嬰兒床，敲一下嬰兒床門的操縱桿，門向側邊滑開，我乖巧的小男孩就自己爬到床上，他的迷你變形金剛在那兒等著他。每天早上，叫醒我眼睛發亮的微笑小男孩，讓他從嬰兒床爬到我的大腿上，是最大的喜悅。

說到餵達西副食品，可真是名副其實的「車輪送飯」[20]！我把輪椅停在他的高腳餐椅旁邊，以便我們能大致對向坐著。羅伯將一支長柄湯匙的把手折彎成轉角的形狀，再焊接一個「D」字形的環上去（有點像把浴簾掛環接到長柄的聖代冰沙湯匙，只是把手形成轉角）。我的大拇指因而可以掛在D字形的掛環上，再把湯匙長尾的一端夾在小指和無名指之間，以免湯匙傾倒。因為湯匙是彎曲的，我又和達西面對面，我能夠從他的碗裡挖起食物，「玩飛機遊戲」直到湯匙輕輕

20 車輪送飯（meals on wheels）是澳洲、英國等地為無法自行備餐的人送餐到家的計畫。

降落在急切等待的小男孩嘴裡。我們都在用餐時間得到很多樂趣。他的堅固餐椅有大輪子，所以我可以用手肘夾著餐椅靠在我的電動輪椅上，接著輕輕把輪椅的驅動噴嘴往前推，我拉著他的餐椅，在廚房地板上慢慢繞圈。達西覺得這很好笑。我的輪椅就像雪梨月亮公園遊樂園裡的咖啡杯，帶給我們很大的樂趣；我們旋轉一圈又一圈，咯咯笑個不停。

我的輪椅從此融入遊戲時間。達西再大一點之後，他的睡前儀式之一是爬上我的輪椅，像騎馬一樣舒適地坐在我身上，然後我們在屋裡漫步，尋找想像的愛睏乘客，達西一邊大喊：「請所有乘客搭上媽咪列車！」

我的輪椅和桌板配件讓我可以辦到這麼多，遠超過我起初的想像。達西會爬向我的輪椅，然後手抓把自己拉提上來。他藉此獲得足夠的信心，敢小心地繞到我的輪椅前，最後從地板踩上輪椅踏板。我們面對面，只有桌板在中間，達西抓著輪椅，我載著他緩緩行駛。我是不能離席的聽眾，他享有我的全神貫注——他就喜歡這樣。

我們用輪椅桌板來進行各種遊戲和冒險。他開始走路時，我有一些手偶，它們的底部夠寬，我可以用牙齒戴到手上。他很愛這些手偶，我們一起編故事，用手偶展開冒險。他很愛書，我們一天當中的任何時刻都是說故事時間。他用小手盡可能拿起最多的書，帶過來放到我的桌板上。

達西十一個月時開始走路，沒過多久，爬上我的輪椅時就不需要協助了。我變成了一組橫爬架。我的輪椅背後有一根支撐桿，就在後輪之上。達西會爬上支撐桿，抓著輪椅把手，說：「媽咪，駕！」想當然爾，我就必須在我們繞著花園奔馳時，配合發出噠噠的馬蹄聲。不久，他隨時都能爬上我的桌板。他會抓著他的「迷你變形金剛」，爬上車窩到我身上。我載著他繞花園，教他各種植物的名稱。他大約四歲時，最愛拉我到外面玩「大衛・艾登堡[21]」，意思是我在花園裡跟著他，他跑在前頭對各種幻想的生物和生態進行解說。我的工作是擔任攝影團隊。我一圈又一圈轉動癱瘓的手，彷彿在操作一台舊式攝影機以拍攝紀錄片。

我懷孕之後不久，我的姊姊和兩個弟媳都懷孕了，所以達西雖然是獨生子，但他有一大群堂表弟妹，而且我們從他很小就帶他去當地社區的共學共玩團，所以他能和其他小孩玩。一天，達西在團體活動中和其他小孩玩，我突然有了痛苦的領悟。當時孩子全都圍了一個圓圈，在大人鼓勵之下拍手，我的達西在那裡，他握緊小小的拳頭互相敲擊，就像我們無數次玩「拍拍小手」時我的動作。其他小孩笑他，其他母親則覺得可愛——「噢，他在學妳！」她們低聲說——但我因此意識到我的障礙對他有多麼深的影響。

我以前總載著達西在我的桌板上，在購物中心裡奔馳。我數不清有多少次，陌生人攔下我，擅自給我建議，說我不該載小孩——「妳應該讓他走路」。我只點點頭，略過他們的建議。我喜歡他和我這麼靠近。我可以聞到他的鬈髮，他小小身體的溫度讓我感到溫暖，我們共享一切。達

21 英國生物學家、自然歷史學家及英國廣播公司自然生態節目知名主持人。

西坐不下我桌板的那天，我感到非常悲傷。

我們經歷過許多艱難時刻，其中一次是達西在學步階段走丟的事件。我從沒那麼悲痛過，我像著魔一般，把桌板扔下輪椅，試圖把我癱瘓的身體從輪椅拋向地板，卻一動也不動，我不能跑，只能怒吼。我的行為毫無邏輯，只感覺一股徹底歇斯底里的情緒讓我想跑去確定他沒有沉入游泳池或遇到其他危險。其他人已經開始找他，但我想自己保護他，所以狂怒恐慌，無法冷靜下來。他在二十分鐘內被找到。他和堂哥傑克在我們不注意時把自己鎖在房間裡。

我因為身心障礙而無法參加許多家族活動。所以，雖然生活中有許多小小的即興活動可以編織出愛的地圖，我卻無法參加，例如無法在海灘堆沙堡。我有時候因此落入陷阱，覺得我好像只是半個家長，是個冒牌貨。我那一整天就會被未能言說的黑暗籠罩。如果我和別人比較——多虧臉書，這再容易不過了——許多其他家長視為理所當然的事情，都不在我的能力範圍內。我想給達西一切，但我其實擁有非常多他唯一真正需要的東西——無條件的愛。

達西現在十四歲了，正尋求獨立。我和所有父母一樣，有時候問自己：「我做得好嗎？」但我回答這個問題時不把身心障礙考慮在內。當然，有些事我做不到，但非身心障礙者也有自己的問題、限制、忙碌的生活。而且，我已經給了兒子韌性這個禮物。在有身心障礙議題的家庭長大，一定會學習克服一道道難關、用平常心看待事情、臨危不亂，不管多麼困難。

達西說他不認為我的身心障礙讓我們的親子關係和其他母子有任何不同。這對他的童年沒有造成負面影響。事實上，他相信自己因此學到耐心的重要。他理解母親在無法獨力完成事情時感到挫敗，而且討厭求助。他比其他小孩更有同理心；他說他盡量保持設身處地、想像坐在我的輪椅上會是怎樣。他相信有個身心障礙母親讓他能一直看到別人好的一面，絕不以貌取人。但別以為他像個天使——他就像大部分的十四歲小孩，還是要母親追在後面，提醒他自己收拾東西，保持房間整潔。

卡蘿・泰勒是律師、時裝設計師、藝術家。她創立的品牌是澳洲最早由身心障礙人士擔任負責人的時尚品牌之一。她的作品躍上賓士時裝週與電視螢幕，最近贏得昆士蘭藝術無障礙獎，也是澳洲藝術無障礙董事會成員。

夏奇拉・胡賽因
Shakira Hussein

遠在我準備好之前，女兒就已開始用身心障礙形容我。我被診斷出復發緩解型多發性硬化症的幾年內，我頂多能承認自己患了「可能導致身心障礙的疾病」，而且，經過多年的誤診與不確定，我連這點都沒有十足把握。之前有一位神經科醫生將我右側虛弱導致無法在支撐下行走的狀況斥為「精神問題」，或許，最後會發現他終究是對的，儘管核磁共振已顯示我有多處腦傷，腰椎穿刺檢查也偵測出腦脊髓液膨脹。不管怎樣，就算我真的有多發性硬化症，也正接受治療，有希望控制病情，我有時會暫時變成障礙者，也許在未來某個不確定的時間點會成為永久的障礙者。我每天為自己注射處方藥物以避免這件事發生，但我不真的是身心障礙者——還不是。

阿戴雅看不出來這樣迴避問題有什麼必要。「我厭倦了這些人輕柔體貼的聲音。」我們的生活在那個診斷之後湧入醫護人員、照顧服務員、諮商員時，她這樣抱怨，但她清楚明白他們的出現代表什麼。她的母親是身心障礙者，而她是九歲的年輕照顧者，意思是：監護人、捍衛者、保鏢。

阿戴雅的父親從她很小的時候就遠在土耳其，但我們在這世界上一點也不孤單。我的兄弟及嫂嫂弟妹住在坎培拉，離我們家不遠。母親在危急時刻會從昆士蘭飛來幫忙，我的朋友則提供營養好吃的印度、馬來西亞、黎巴嫩餐點。假如我們需要更多幫助，只要開口就好。但阿戴雅不相信任何人可以像她把我照顧得那麼好。她肯定也不相信我能照顧自己。

多發性硬化症不是我們唯一的敵人。約翰．霍華[22]的政府決定強迫單親媽媽從領取社會福利轉去工作，並為穆斯林無法維護「澳洲價值」而懲罰我們。我關於穆斯林女性及跨國女性主義的博士論文延宕多年還未完成。我從家教和接案寫作賺來的收入，不足以讓我們脫離對澳洲社會福利聯絡中心的依賴。有身心障礙和棕皮膚、依賴社會福利的穆斯林單親媽媽，聽起來真像安德魯．博爾特[23]專欄裡的討厭人物。我在心中陰鬱地想。儘管我當然不真的是身心障礙者——還不是。

•••

當我的多發性硬化症在緩解期間，阿戴雅的照顧責任相對輕鬆。但我發作時，她挑起家事的重擔，從買菜、備餐到洗碗。在我因為疼痛和疲倦動彈不得地躺在沙發上時，掌控一切的她決定家裡的運作系統需要來場大改造，開始清空櫥櫃、重新安排收納空間、從網路上搜尋烹飪技巧和打掃訣竅。等我的病情緩和下來，她對於她認定屬於「自己」的居家空間產生極高的領土意識，拒絕任何推翻改革的舉措。

「印度什香粉不是放在那裡的！」

「什麼時候開始的？一直都是放在……」

「現在不是了，我已經建立一套新的規則！」

我們外出活動時她也同樣堅定。她擋掉所有出手協助的人：「我就是她的小拐杖！」事實上，我確實偏好用女兒的肩膀作為支撐，勝過任何決定出手相救、結果往往把手放在我臀部上的盔甲騎士。

「阿戴雅很會保護人。」一位朋友評論。

「我只保護我媽媽！」她反駁。

我不介意在機場排隊辦理登機報到手續（畢竟我不是身心障礙者），但阿戴雅會衝到櫃檯前解釋她的母親有多發性硬化症，在旅行中需要特別協助。就連我都覺得她雖討喜但也很煩人，不過，在航空公司的工作人員眼中她可是百分之百可愛。這麼一個成熟又聰穎的小女孩照顧著她棕皮膚的身心障礙（因此大概不會說英文）母親！我什麼也做不了，只能乖乖坐上機場的輪椅，用穆斯林風格看著阿戴雅向機場安檢人員解釋我保冷袋裡裝的是預填藥品的針筒。

我參加「穆斯林議題」的論壇時，她坐在觀眾席內靜靜讀書，但預備只要有需要就馬上採取行動。「別以為你可以因為我媽是身障者就找她碴，她女兒可以把你打倒！」她在一次氣氛特別

22 澳洲前總理。

23 澳洲右翼社會和政治評論家。

不安的社區會議中介入。當然，我們都只慈祥地笑了笑。那個可愛的小女孩還沒壯到可以打倒任何人（再說我也還不真的是身障者）。

雖然，經過許多次發作，又在另一輪核磁共振檢查中發現新的腦傷，於是神經科醫生建議我改用更激烈的藥物，我終於承認，我真的得了多發性硬化症。

• • •

我找不到以小孩早熟負責為主題的父母支持團體。這種問題不太會在校門閒聊引起別人的同情。但為了阿戴雅好，我還是擔心她太乖巧了。她的端正品行是多發性硬化症及其混亂的副作用。為了不讓我們家這艘船沉入海底，她絕不惹事生非。她也斷然拒絕外人對我們提供的幫助，擔心我們兩人組成的家庭會受到批判，讓別人認為我們有缺陷。

「我不希望別人認為我們無法因應困境。」她邊整理客廳邊告訴我。

「她寧可用自己的舌頭清潔廚房，也不願讓任何人跨過門檻來幫忙。」我向朋友傾訴。「而且其他人──鄰居、她一些朋友的父母──也開始利用她愛照顧人的特性。再這樣下去，她會引來全天下的渣男。」

她對未來的規劃建立在一個假設上，就是她的照顧者角色只會隨時間更加耗費精力。「我長大以後，想做作家或藝術家這種有趣的工作，而非只是賺很多錢的工作。但我想賺夠多的錢，才能照顧妳。」

「哦，甜心，妳不會需要照顧我，我沒問題的。」

「別擔心，我不會把所有的錢花在妳身上。」她想讓我放心。「我需要存一些錢給我自己的孩子。」

我很感動阿戴雅對未來的願景是為我和我未來的孫輩挑起經濟重擔，但我不希望她的人生規劃被年輕照顧者這個角色占據。多發性硬化症已經徹底摧毀我自己的事業野心，我不願這個疾病也妨害她的前途。我試著重整我們的關係，告訴她，雖然我負責為家庭掌舵，但她是我深深信賴的大副。她不太接受這次降職。

「妳說得好像我是該死的船艙服務員。」

我只能承認自己的權威越界，才能避免船員叛變。我花這麼多時間在甲板下，怎麼還能宣稱自己是船長？

• • •

「悲慘的現實造就精采的軼事。」嘉莉．費雪[24]這句蘊含智慧的話向來是我在面對困境（不管

24 美國女演員，最知名的角色是在《星際大戰》系列電影中飾演莉亞公主。

是種族歧視或厭女，或兩者同時發生）時的護身符。但對我來說，多發性硬化症這個悲慘的現實只造就超級無聊的故事。我人生中第一次遇到讓我完全沒有書寫欲的困境。我讀過關於身心障礙的內容大多是史黛拉．楊後來稱為「身障勵志雞湯[25]」的東西。我不想書寫（更別提參與演出）那種感覺良好的勵志故事。除此之外，我的身體有很長一段時間無法寫任何東西——視力模糊到難以閱讀、動作功能不彰而損害了打字能力，暈眩嚴重時，就連在枕頭上轉頭都能讓我嘔吐，那種痛苦耗盡精力，不留一點空間給有條理的思考。

發作復原之後，則似乎永遠都有比多發性硬化症更急迫的議題要寫。我的身體可沒在美軍無人機對我家人村莊的攻擊中受傷、或因為跨國大企業的過失而遭到化學物質毒害。它只不過正經歷（本該保護身體的）自體免疫系統誤傷自己人的砲擊。我看不出這個主題重要到值得書寫。再說，我還有論文要寫。

但是，隨著多發性硬化症占據我愈來愈多的時間與注意力，我開始辨認出健全主義與我熟悉的領域——種族歧視與性別歧視——之間的相似之處。多發性硬化症的發生本身並非不公義，但我在邁向診斷的漫長顛簸道路上、在難以取得即時的支援與治療時，經驗了不公義。閱讀海麗葉．麥布萊．強森[26]和史黛拉．楊等身心障礙作家的作品讓我明白，書寫身心障礙不一定要沉溺在身障勵志雞湯的套路裡。這樣剛好，因為疾病對我身體的持續猛攻，讓我不能再自欺欺人，說自己不真的是身心障礙者。

阿戴雅遺傳了我的書寫狂，在一本又一本的筆記本上寫滿（我假定是）深刻而富有意義的思想。當我們的對談陷入情緒化，最後的結局可能是她跺腳走回臥房，宣布「我的青春成長悲喜劇回憶錄又可以再添一章了。」並重重關上身後的門。我很想先偷看一下，但筆記本封面上手繪了齜牙咧嘴的滴水嘴獸，旁邊寫明私人最高機密和禁止翻閱，足以使我卻步。

但她得知自己有時候會出現在我發表的作品中，這件事促使她也公開了自己的作品。我在茱莉亞・吉拉德成為澳洲第一位女總理後，發表了一篇文章，裡面描述阿戴雅「吶喊著#創造中的歷史！並以此做為籌碼爭取#學校放假一天、#參觀國會大廈。」她向我爭取回應這篇文章的權利。

「妳引用我的夢話。妳從不引用讓我聽起來很厲害的話。」

她把憤慨轉為文字，寫下的內容被編輯描述為「睿智童言」，關於慈悲心在政治中的重要性，以及當時的反對黨領導人東尼・艾伯特如何欠缺慈悲心。我想著：以新手來說還算不賴。她肯定證明了自己不只是用澳洲政治史上最重要的事件做為逃學一天的藉口。

我從錯誤中學到教訓，幾年後，當我受邀撰寫一篇關於母職的人類學文章時，我謹慎取得了

25 史黛拉・楊提出的原文為inspiration porn，特指身心障礙者突破困境的影像，被拿來作為健全者自我激勵素材的一種社會現象，令身心障礙者感到遭到物化、降級或形象刻板，帶有諸多負面意涵。

26 美國作家、律師、身心障礙人權活動家，患有神經肌肉疾病，而使用機動輪椅。

她的同意。然而，等我拿到校稿時，她早已忘了先前的對話。

「搞什麼，我從沒允許妳寫這件事。」

「有，妳還問我有沒有稿費，我說有，妳說『上啊！』」

「聽著，我必須說這聽起來滿像妳的。」她的一位朋友表示贊同，阿戴雅不甘願地承認這情節聽來似乎合理。這情節再次給了她藉口，使她得以實踐回應我文章的權利。「只是故事的另一面。」她說著，一邊坐下來為一本青年文學雜誌寫一篇關於成長過程中母親患有多發性硬化症的故事。十九歲的她決定，可以為那本我們一直拿來開玩笑的青春成長悲喜劇回憶錄，提供一份公開預覽的版本。

我懷著惴惴不安的心情讀完那篇文章。當然，我也經歷了她描述的那些事件，但不代表從女兒筆下閱讀這些事會因此變得輕鬆一點。我企圖阻隔她免受多發性硬化症的衝擊，這份努力顯然失敗了。多發性硬化症已經變成她身分認同的一部分，分量與我生命中的比重相當。但我對這篇文章思想深刻、仁慈、還有點幽默的年輕女作者，可是一句抱怨也沒有。

某種程度來說，我感覺好像自己人生中的每個面向都由母親的健康所塑造。

隨著她的神經細胞被身體侵蝕，我用來修理她的工具也變成打造我的工具——鑄造這些工具的原料來自母親，包括她對理解的渴求、她面對任何人（包括自己）的無畏無懼。

・・・

如今，阿戴雅的生活已經擴大了——她不再那麼擔憂我的日常，於是可以離家和伴侶一起生活。她很快向我保證，只要有需要，她都可以繼續支持我，她家離我不遠，有一間無障礙衛浴和一樓的臥室可以在需要時讓我過夜。我沒辦法「治癒」她，讓她不再扮演年輕照顧者的角色，更無法治癒我的身心障礙。她比較像是年齡漸漸大到無法繼續扮演，而非已經超越那樣的自己。她現在發表的文章主題從音樂、藝術到科學界的女性都涵蓋在內，而我繼續在她的文章中偶爾客串搞笑古怪的母親一角。她的青春成長悲喜劇回憶錄完整版還未動工……據我所知是如此。

夏奇拉・胡賽因是駐墨爾本大學的作家、研究員。著有《從受害者到嫌疑犯：九一一事件後的穆斯林女性》，作品廣泛發表在學術期刊、文學領域、大眾媒體上。

傑克琳・林區與蓋瑞・林區——取自與伊麗莎・赫爾的訪談
Jaclyn and Garry Lynch

我和蓋瑞於二〇〇九年十月在墨爾本東邊郊區的一間身心障礙企業認識。蓋瑞在七歲開始上學後診斷出亞斯伯格症。有一位助教輔助他這件事，讓他感覺自己不夠好、和別人不同。成年後，身心障礙影響了他感受事情的方式——他經常負荷過重而疲倦，尤其在結束漫長的一日工作時。

我生來就有一顆腦瘤，導致嚴重癲癇。我人生中的頭兩年不停哭泣。母親知道事情不對勁。她持續求醫，對醫生說：「我的寶寶不對勁。」但他們一直打發她離開，說我沒有問題，完全不用擔心。當時沒有人願意聽母親的話，我無法想像她當時的感受。

我三歲時第一次癲癇發作。從那時開始，我每個小時都會發作。十五歲時，醫生決定動手術拆除核磁共振掃描發現的一顆腫瘤。手術過後，癲癇停止發作，不幸的是腫瘤又長回來，所以我必須再動一次手術。我整個童年都持續發作癲癇，導致課業落後。因此，我現在有智能障礙。我以前癲癇發作時很嚴重，我會顫抖、倒在地板上，然後睡著一、二個小時，醒來後再次出現另一種癲癇發作，只凝視前方、靜止不動。

現在我已是成人，有時候會暫時忘記事情，也喪失了部分記憶。有些事我很難學會，但也有非常擅長的領域。

我和蓋瑞初次見面就很投緣。我們有很多共通點，但也在許多方面互補，我喜歡說話、他喜歡傾聽。十一年後，我們依然相愛。我記得我在很久之前就告訴他我渴望有小孩。他對這點一直比我更不確定和憂心一點，但很快就轉換想法，我們決定共組家庭。

我們嘗試懷孕兩年，但無緣受孕。一位醫師建議我借助荷爾蒙藥物，最後我終於懷孕了。蓋瑞既緊張又高興——他的心情五味雜陳，而我純粹感到興奮。

不幸的是，興奮的心情為時短暫，因為我流產了。這段期間，蓋瑞被診斷出第二期的何杰金氏淋巴瘤。我們都很害怕，知道必須趕快行動，所以他完成了凍精。他的精子可能會受癌症治療影響，而我們不願冒任何風險。兩個星期之後，我們進入緊急優先名單，有機會透過人工授精再次受孕。很幸運地，這次我們成功懷孕。隨著孕程進展，我們愈來愈興奮，感覺愈來愈真實，我們真的要建立家庭了。

懷孕期間，蓋瑞因為癌症治療而嘔吐，我則因為懷孕而嘔吐：我們一起想吐。好笑的是，這實際上讓我們變得更親密，因為我們需要彼此的支持。

蓋瑞在我懷胎九個月期間都非常緊張、充滿不確定感，一心希望最後一切順利。我很幸運已經有許多和小孩相處的經驗。我的姊妹在她們的孩子還小時請我幫忙照顧，所以我有許多機會練習。我記得曾看母親怎麼照顧我的外甥和外甥女。我從她身上學到很多，然後她讓我在她的協助下照顧他們，我就可以完全理解吸收。有一次長假，我父母在澳洲其他地方旅遊，我的姊姊貝琪問我能不能幫她顧小孩。我在她工作時幫寶寶換尿布、餵飽他。我愛上那次經驗，也是在那時知道我希望這一生能有自己的孩子。我知道我會是個關愛孩子的好母親。

漫長的九個月過後（我說漫長是因為整個孕期都感到噁心），我終於生出我們可愛的兒子萊利。我希望自然產，但他在分娩期間被臍帶纏住了，醫生趕快把我送去剖腹。蓋瑞剪斷了臍帶。我記得我對醫生說：「你把寶寶取出之後，可以馬上告訴我時間嗎？」他在下午兩點三十分整出生。我不確定我為什麼想知道，只是我一直期待聽到小孩出生的確切時間。抱著我美麗的男寶寶，感覺比我曾想像的更好。你們真該看看蓋瑞那時的模樣。他在醫院走廊走來走去，說著：「大家快看看我的寶寶！」打從一開始，他就是個驕傲的父親。那是他人生中最棒的日子；事實上，那是我們兩個人生中最棒的事，沒有什麼比得上。

雖然我們在生第一胎時大獲成功，情況卻開始走下坡。剛生完頭幾天，我在醫院尋求支援時遇到歧視與評判。澳洲的體系對智能障礙父母並不利，簡直像是大家等著糾出你的錯誤，讓你看起來像做錯事情，證明你無法照顧自己的孩子。

我們在建議之下去參加親職課程，必須花一個星期學習嬰兒睡眠與餵養步驟。母親也說這或許是個好主意，於是我們同意試試。我們才上兩天課就接到兒童保護單位的電話。親職課程的工作人員發現我有癲癇，他們認為我在抱著萊利時發作。事實上，我當時是因為荷爾蒙變化而焦慮發作。我和許多新手媽媽一樣不知所措，需要支持。

打從一開始，我們在那間親職中心就不覺得安全——感覺像持續受到監視。他們說我們給萊利泡的奶太燙——但其實沒有。當時蓋瑞泡了一瓶配方奶，忘記測試溫度。但我在給萊利之前自己測試了溫度，請蓋瑞去冷卻奶瓶。親職中心的一位女士看著這一切發生，她知道事情經過，卻決定利用這個情況把我們塑造成能力不足的父母。我們覺得被陷害了。

母親那天來看看親職中心和我們的情況。她抵達時，我們已被叫進一個獨立房間和兒童保護單位會面。這些會面中，頭幾次沒有提供任何協助人員或以簡明英語書寫的文件。一切都不是無障礙的。他們說他們認為我對孩子有危險，但我試圖告訴他們，我知道我不是癲癇發作，那是壓力導致的焦慮。

母親走進來加入時，他們想把萊利放進她懷中。母親馬上說：「不用，他需要和母親在一起。」母親比任何人都了解我；她知道我有能力，也知道我能照顧好自己的寶寶。

衛生及公共服務部持續逼我瓶餵萊利；我很氣惱，因為我想繼續親餵。但萊利的體重開始下降，所以他們強迫我停止親餵。我們最終發現他的舌繫帶過緊，才使體重下降。如果孕產保健護士曾提供協助，而非一直對我不理不睬，我們本來可以一起找出問題。然後，就能像許多舌繫帶過緊的寶寶一樣，問題本來有機會獲得解決，我就可以親餵我的孩子。

經過許多次與兒童保護單位的會面，他們同意只要母親和搬來我們家，我就可以繼續照顧萊利。他們說母親至少必須和我同住到萊利一歲。母親不滿地說：「我辦不到。我已婚，和自己的丈夫住在一起。我不能永遠睡在沙發上。」最後，我和萊利搬去和母親住。剛開始，蓋瑞必須留在家裡，因為他的上班地點離我母親家太遠了。和他分開讓我很難受。幸運的是，他在附近找到另一份工作，也搬進我母親家。我們在我母親家住了六個月，直到我的手足接手，我們找到一棟房子和他們同住，所以我依然可以和兒子在一起。

從頭到尾，我們都很害怕兒童保護單位會把我們和兒子拆散。被監視的感覺持續不斷，彷彿寶寶隨時可能被奪走，真是痛苦。

兒童保護單位真的很希望萊利從我們的生活中消失；擔任我們聯絡人的女士似乎想要我們失敗。她在家訪時試圖操弄我們；我經常覺得她想引導我犯錯。他們告訴我，在萊利上學之前，若我們家裡沒有其他家人支援，我們不能繼續照顧萊利。事情到了這個地步，我決定尋求身心障礙倡議組織VALID的建議。他們以出色的方式概述了智能障礙母親擁有的權益。他們教我一些向兒童保護單位表現能力的方法，包括把餵食的日期時間製表作為證據，還有拍攝幫萊利洗澡、泡奶的照片和影片，以展現我們的育兒技巧和能力。我也很幸運，有家人向我們推薦了一位好律師，在衛生及公共服務部傳喚我們時代表出庭。法庭審理時，兒童保護單位試圖扭曲事實，醜化我們，嚴重打擊我們的力量與信心。不過，我們很幸運地贏了。他們沒有證據支持我們無法勝任親職，我們也展現了我們的能力和對兒子的盡忠職守。案件總結時，法官表揚我並為我必須經歷這樣的創傷經驗道歉。

萊利現在四歲了，是個可愛貼心的小男孩。兒童保護單位現在不管我們了。事實上，他們根本不該打電話，根本不該逼我去和母親或手足同住。但親職中心的工作人員只要遇到身心障礙父母就很害怕。在我看來，他們顯然沒有受過合適訓練、或與身心障礙父母恰當接觸的經驗，因為那間中心提供服務給所有人：包括身心障礙者與非身心障礙者。感覺只要前者一進入中心，他們就馬上打給兒童保護單位，簡直是公然歧視。他們不先看看我們的能力或提供支援，太快就做出評斷。

回頭看，我真希望當醫院的人建議我們去親職中心時，我沒聽他們的。他們的說法是我們在那裡會受到支持、有所學習，但他們做的只是仔細審查我們——測試我們，讓我們感覺自己無法勝任。

幸好，我們現在感到安全了。既然我們已經在法庭上證明了自己，如果我們再生一胎，我想他們不會來找我們，因為他們現在知道我是個很棒的母親，我們是很棒的父母。

我們現在生活平靜。蓋瑞有工作，我是全職母親。萊利每週去幼兒園三天。他是個美麗又有愛心的小男孩，讓我們都很快樂。他經常給我們大力的擁抱親吻。我不認為他知道我們兩人都有身心障礙。雖然他肯定認識這個詞，而且常常查看我們的狀況。他真是個好孩子。我們在家會討論身心障礙，因為我們兩個都以自己的狀態為傲。他還不真的理解我們有身心障礙，但等他長大，我們會教他這不是件壞事，還有，用同樣的方式對待每個人很重要。脫離兒童保護單位的系統後，生活變得平順許多。我們在社區中感覺受到接納。萊利幼兒園裡的其他家長總是盡可能讓我們融入。

我們很愛全家一起看電影，也出門購物或在公園共享高品質的時光。萊利在不同的事情上分別依賴我們。例如，我不擅長閱讀，所以蓋瑞負責這個工作。我也不開車，但蓋瑞會開車。我擅長協助孩子如廁，蓋瑞則不擅給簡明指引。我們互相幫忙，用個人的長處好好養育他。

我覺得自己完全勝任母親的角色。我們很幸運有許多家人的支援。母親就住在同一條路上，只要我們需要她，她都在。父親也在附近，所以如果有緊急情況或任何需要，他都可以在幾分鐘內出現在我門前的臺階上。家族成員可以一起參與萊利人生的感覺很美好。萊利愛他們，他們也愛跟他一起開心玩耍。

我認為別人常太快就下判斷，以為一個人有智能障礙，就不知道怎麼做事。世人對智能障礙父母有太多誤解，這是不對的。我覺得大眾需要更多教育。一直對抗這些真的很難。我受夠了必須向別人證明我能育兒。哪有其他家長需要這麼做？

我知道我是個很棒的母親，蓋瑞也是優秀的父親。我們可以育兒，我們傾注全力，而且如此深愛我們的兒子。為人父母最棒的一點就是可以見證孩子成長、發展、享受自己，在生命中享受樂趣。能見證這些，讓一切都值得了。

傑克琳・林區是驕傲的智能障礙母親。蓋瑞・林區有自閉症類群障礙症。兩人都與法律扶助機構的「獨立家庭倡議服務」及自我倡議團體「正向力量家長」合作。

妮可・李
Nicole Lee

我一向想當個母親。從小到大，我從來沒想過長大不生小孩的可能性。但在十八歲的青春時代初次懷孕時，我慌了——第一個想法是：「該怎麼對母親說？」幸好，她的反應從起初的震驚，很快轉為興奮與支持。

任何女性的孕期都充滿了各種情緒。身心障礙放大了那些情緒，我整個孕期都不知道接下來會怎麼樣。我不認識任何身心障礙母親或年輕母親，到任何地方——生產課程、候診室、產科、嬰兒用品店——都覺得自己像個異類。我感覺格格不入，污名化實在太嚴重了。孕婦裝的選擇有限，像我這樣坐輪椅的人穿起來並不合身。也不可能找到我可以獨自使用的汽車安全座椅——或嬰兒車、高腳餐椅、推車、尿布台，除非經過改造或發揮一些創意。購買嬰兒用品一點也不愉快。當時可是九〇年代，大家還沒把網路裝在家裡，更別提裝在口袋裡。所以，要研究嬰兒用品必須開車造訪一家又一家商店。

店員常說出歧視身心障礙的話，總是想給我看熱門商品而非聆聽我的特定需求，包括高度、或要某種特定功能的產品我才能操作。我覺得自己幾乎隱形。他們經常對著母親說話，而不是我——這是身心障礙者常有的經驗。有幾次，我甚至不能自己點咖啡，咖啡店員非得看著站在我身旁的人（有時甚至是陌生的路人）問我要什麼。我本來期待自己終於可以先被視為女人，其次才是身心障礙者，但健全主義總是獲勝。

懷孕可以讓任何女性感覺隱形。別人開始關注那日漸龐大的隆起物，而非負載它的女人——尤其是當孕程並非一帆風順的時候。但對身心障礙女性而言還有更多層面。我經常面對別人質疑：「妳要怎麼照顧新生兒？」、「妳要怎麼應付困難？」、「妳要怎麼幫寶寶換尿布或洗澡？」這些評論充滿評判和污名化。彷彿他們就是無法想像身心障礙者也能養育小孩。他們看不到的是，我在九歲就經歷了脊椎受傷和脊椎融合術，我向來熟悉身心障礙者的生活。為人母為什麼會有差別呢？追根究柢，我想大家因為我是身心障礙者並選擇把新生命帶到世上，而感到衝擊。我的輪椅挑起了優生學方面的恐懼——認為身心障礙應該「在繁衍中消失」。直到今天，有些人仍認為應防止身心障礙的出現。許多人會說出那句輕率的話：「只要是正常的小孩，有十隻手指頭和十隻腳趾頭就好。」這句話在無意中表明像我這種人的生活是不理想的，應不計代價避免。所以，看到我挺著大肚子坐輪椅來去，大概讓某些人十分不安。

我感覺周遭的一切都在對我傳達「像我這樣的母親不存在」——但我們確實存在。這不是什麼神祕稀奇的事。我們有性生活，寶寶就這樣來的（除非你有同性伴侶、或因為身心障礙或生殖因素而需要試管嬰兒療程或代理孕母）。

懷孕期間，我的醫療團隊判斷我在全身麻醉下剖腹產是最安全的生產選項。我很快就發現生產課程並未考量我這類母親的經驗。除了學習怎麼在分娩時呼吸及在懶骨頭上放鬆（這些事情對於和我採取同樣生產方式的女性沒有幫助），和陰道產的議題不同，關於剖腹產的討論非常實際而醫療化，完全沒有包含生產的情緒面向。我不後悔決定在全身麻醉下剖腹產，但我希望自己當初對這個決定牽涉的層面有更多準備。我得到很多技術性的醫療資訊，但沒有任何內容是關於情緒上如何面對這次經驗。沒有生產課程或書籍建議你如何為無意識的生產做準備，或如何消化在那之後的經驗。全身麻醉時，甚至不能有人陪伴產婦進入手術室。

我的初次生產，結果是緊急的剖腹產。一切都朦朧不清。我只模糊記得自己被快速推進手術室。接下來，有人叫醒我：「妮可，睜開眼睛，看看妳的寶寶。」我沒辦法。我感覺與整件事徹底脫節，疼痛難以忍受，我還生命垂危。儘管我知道兒子從我而來，卻沒有證據——連一張他來到這世上時的照片也沒有。沒有任何東西足以證明母職啟程的一刻。我生產後發現這非常難受。我的情感疏離，無法消化我生命中最重大的一次經驗。

七年後，我懷了第二胎，我問一位護士能不能幫我拍照，讓我感覺和孩子更有連結。我還是很害怕並受創於第一次生產的經驗，在移到手術台上時開始哭泣。執行麻醉時，一位護士過來握住我的手。這類小小的善舉真的很有幫助。這次生產的照片彌補了我無法連結的感覺。

後來一位懷孕的朋友即將在全身麻醉下生產，正在寫生產計畫書，尋求我的建議，能夠與她分享我希望當初知道的事情感覺很好。我給她一些小建議，例如若可能的話，請護士拍下寶寶被舉起來、臍帶仍相連時的照片，還有胎盤的照片。我向她解釋，她可能不想馬上看那些照片，但在未來的年歲裡，她能用那些影像來連結寶寶出生的時刻。

終於有個對象可以談這件事感覺很好，要和沒有經歷過的人分享非常困難。我在懷孕狀態入睡，醒來就有了小孩，這是個很離奇的經驗。

當我回頭看，有許多時刻，我都希望我能站出來說話，捍衛身為年輕身心障礙母親的自己。我當時比現在年輕許多，還沒發現女性主義。我沒有合適的言語，可以像現在這樣將我的經驗表達清楚並概念化。我希望我當時知道，我的內心深處其實有能力反抗這些負面態度。

除了身心障礙，我還需要對付對年輕母親的負面標籤。不斷有人說我太年輕就當母親。我有意識地確保寶寶總是乾乾淨淨、穿著高品質的服裝，以對抗別人常貼在我身上的負面標籤——貧窮、不負責任的年輕身心障礙母親。在其他母親和我的對話中，時常出現歧視身心障礙的話語。我聽別人驚訝地說出：「噢，妳有小孩？！」的次數多到數不清。

就連現在，四十二歲的我仍試圖向世界證明我和其他人一樣聰明。我到接近四十歲時，教育程度還未超過十年級。身為年輕的身心障礙母親，我的生命、思想、意見和其他任何人一樣有價值，但污名化和健全主義讓我相信我「不如別人」。我在懷孕和當母親的旅程中始終感覺其他人用批判的眼光盯著我。我很懊惱過去沒有足夠的自信瞪回去，問「你憑什麼認為我應付不來？」或「那你怎麼照顧新生兒呢？」來質疑他們的批判。

這些經驗隨著時間累積加乘。到最後，我真心相信自己不夠好。除此之外，我還必須在為期十年的家庭暴力下，盡最大努力養育我的孩子。現在，我們的小家庭已脫離家暴七年了，但我仍需要幫助孩子復原。一邊處理我自己的創傷，一邊支持孩子，是我擔任母職最困難的一點。我不禁覺得我這一生（尤其在孕期）必須面對的削權經驗和健全主義，讓我更難辨認出我和孩子受到的暴力對待，使我難以離開。社會的污名化在我的內在創造了難以去除的阻礙，我將這個阻礙重新詮釋為「門口」。我稱之為門口，是因為儘管我永遠離不開這些污名化處境，但現在（經過很多幫助之後）已經能夠穿越它們。

我最重的罪惡感——而且將永遠在我心中——是那十年對我孩子的影響。我自問：如果我不是身心障礙者，我是不是能早一點離開？我當時是年輕、教育程度不高的身心障礙母親，一生充滿削權經驗，強化了他支配我的權位。尤其是在他人眼中，就算家暴的警訊已經出現，別人依然視他為忠誠的照顧者。這種事太常發生了。對身心障礙者的虐待常被解釋為照顧而不被正視，即便別人親眼看到、甚至我們直接揭露也是如此。別人比較重視照顧者的聲音，或完全忽略我們的聲音，以至於我們不覺得自己可以擁有聲音。透過健全主義污名化的視框來理解，可以看到這世界強化了這種權力的不平衡；它告訴我我需要別人的照顧，應該對願意和我在一起的人心懷感激。我們當中的許多人都聽過別人說「妳真幸運有他在。」難怪我當時不認為我是個有能力的母親，不認為我獨自一人也能生存。我總以為像我這樣的母親不能獨自育兒。「妳要怎麼應付困難？」、「妳有辦法抱小孩嗎？」——這些問題我聽了太多次，像跳針一樣在腦中不斷播放，呼應了家暴的情緒操控手法。但我當時是適任的。不管是不是身心障礙者，只要有安全而能夠賦權的支持，我們都是適任的母親。我需要的是關注家長自主性與能動性的支援系統，以及幫助我知道我有權發聲的工具。雖然我的育兒旅程上有這麼多障礙，但也有非常多的喜樂：小寶貝坐在我的大腿上，隨著我在商店裡疾駛的美麗珍貴片刻；聽著他們的尖叫和咯咯笑聲，一起衝下無障礙坡道；看到我三歲的孩子驚訝地站在外公家門口的階梯前想著：這是什麼？要怎麼爬？（我這才發現他們從未見過任何人使用階梯）我的孩子喜歡在我的輪椅上玩，現在，我更體驗到孫子在我的輪椅上玩。最近，我在地上跟他玩，結果他竟然爬上我的輪椅在屋裡漫遊，把我困在滿是嬰兒玩具的地板上。

雖然懷孕很困難，我有時候仍會忽然希望能再生一個孩子。但我已經有一個孫子了。我已經從母職進入祖母職。孫子出生當晚，我甚至在場。

我很幸運有小孩。我同為身心障礙者的女性夥伴和我認識的非二元性別夥伴中，有些人被奪走了為人父母的選擇。我很感激可以生小孩。如果時光倒流，我會跟即將把寶寶帶到世上的十八歲的我說：「他們的評判不重要。妳是個好母親，有一天妳會擁有話語和空間，可以重寫一切。」

PS.如果妳正在考慮離開他。相信我，妳自己也辦得到。

妮可．李是家庭暴力倖存者與身心障礙社運工作者。她曾出現在《你別過問》、《鼓》節目中，作品發表在《媽媽咪呀》。她從二〇一六到二〇一八年皆參與維多利亞州的第一個家暴倖存者諮詢委員會。

妮恩寇克・切爾——取自與伊麗莎・赫爾的訪談

Neangok Chair

我兩個月大時，在蘇丹的卡士穆得到小兒麻痺。我當時已注射疫苗，幫我打針的是一位學生；不幸的是針頭意外打進了肌肉。這起意外的影響沒有立即顯現，但幾天後我開始發燒，母親每次移動我的腿都帶來劇烈疼痛，所以她趕快帶我回醫院。醫療人員告訴她我得了小兒麻痺，可能是疫苗造成的，並建議我開始學走路時應該用助行器輔助。

我生命頭幾年必須非常費力才能四處移動，而且步態不均。在我剛滿兩歲時，醫療人員判斷我該動一場大手術；不幸的是，他們因為失誤而切斷了一條靜脈，導致腿部肌肉的狀況惡化。

我年幼時必須用手推著腿腳行走。在南蘇丹，大家不太為身心障礙感到驕傲，但人們接納身心障礙。母親是個美麗謙遜的人，我們家有八個小孩，但我在她心中是獨一無二的女兒；她從來不曾拒絕我，或因為我的障礙而感到羞恥。她反而告訴我，我沒有任何問題；她總是讓我感覺自己受到包容與接納。

進入青春期後，我的臀部、膝蓋、雙腳也開始受到影響。現在我的整條右腿都非常虛弱。

二〇〇一年，我剛滿十五歲時，第二次蘇丹內戰愈演愈烈。我遷離原居住地，幸好最後找到姊姊的一個朋友，她告訴我，我們必須馬上前往埃及。那趟旅程炎熱艱辛，換了許多趟火車又搭貨車移動。我的身體疼痛但我沒有別的選擇，我不想無家可歸。我必須確保生命安全。

我們抵達埃及之後，聯合國接受我的難民身分。但幾個星期之後，姊姊的朋友拋棄了我。她交了個能帶她去美國的男朋友，然後不告而別。此時我無處可去、沒有住處，所以和我同住的女士帶我去教堂求助。幸運的是這位女士需要有人幫忙照顧她的小孩。她人很好，信任我能照顧她的孩子。我很榮幸有這個機會。她相信我能擔任照顧者，讓我看到身為身心障礙者，我也可能為人母。

我在埃及待了兩年之後，姊姊終於找到我。她多年來一直在找我，四處打聽、試圖追查我的下落都沒有結果。我永遠忘不了我們重逢那天，那真是快樂的一天，我們擁抱對方，我淚流滿面。我感到如釋重負，滿心歡喜。我們一起在埃及住了五年，接著在二〇〇六年向澳洲申請難民身分並獲得接受。

姊姊的孩子當時還年幼，所以我又有了照顧小孩的機會。我渴望擁有自己的小孩；我從還是個小女孩時就一直想要有小孩。我總說我想當母親，想給孩子像我母親那樣的母愛。我不斷祈禱有一天能擁有自己的孩子。

抵達澳洲十年後，我在三十歲時懷了大女兒。懷孕讓我身體極為虛弱，主要是因為害喜症狀嚴重。當時我一週在家、一週住院。我的伴侶不照顧我也不支持我，我獨力完成一切。我必須自己負起全責。不過，我是個堅強的女人——我經歷過不少事，一向必須自立自強——所以我只關注如何確保孩子安全出生。

寶寶接近足月時，我的身體撐得很辛苦。我拄著拐杖移動，能休息就盡量休息。產科醫生告訴我，我的臀部太小，無法自然分娩；我想他很害怕我有肢體障礙還要自然產，所以最後我接受了剖腹產。我極為難過，好像我的身體辜負我了。我真的很想要有自然產的機會，但就是不可能。

二〇一六年，我美麗的女兒蓓瑞娜出生了；她如我所冀望的一樣美好，更超乎我的期待。但她出生的頭幾個月很難熬。我記得我試著拄拐杖用背巾背她，走每一步身體都在發痛。這麼做雖然累人，但我保持樂觀，因為能和她靠得這麼近，我就感覺一切都值得了。

一年後，我又懷孕了。懷著身孕帶學步兒很有挑戰性，所以有姊姊能在我懷孕期間在附近幫忙，我非常幸運。

第二個孩子比莉出生後，我和丈夫分手了。當個單親媽媽極其困難，尤其我還有身心障礙，但我一向是個有韌性的人，而且我專注在女兒身上，讓我在艱苦的情況下繼續前進。前夫一度想把孩子從我身邊帶走，說我因為身心障礙而無法照顧她們，藉此來對付我。幸好，經過數月的爭取，衛生及公共服務部判給我完整的監護權。

比莉還是小嬰兒時，我把她放在背巾裡，背著走進城。我一隻手臂下用枴杖支撐身體，另一隻手臂推著蓓瑞娜的推車，真是手忙腳亂。但我總是面帶微笑，因為我感到無比幸運能擁有兩個美麗女兒，我全心愛著她們。我覺得自己很有福氣，儘管疼痛令人沉重，她們仍讓我感覺輕快。

小孩還小的幾年，我遇到很多歧視。別人老是盯著我看、嘲笑、指指點點、上下打量我。有時候我遇到困難，身體無法克服而求助，有些人態度無禮，拒絕幫忙。

當我同時推推車、背背巾、再拄著拐杖，幾乎不可能搭上大眾運輸工具，尤其是車輛沒有無障礙設施、司機又不肯協助我上車的時候。我沒開車，所以搭乘大眾運輸工具是我們在城市裡移動的唯一方法。我常常請求：「我只需要有個人伸手幫忙我上車。」但對方大叫：「不要，妳搭下一班車。」我有時疑惑：這是因為我是黑人嗎？你因為這樣才不肯幫忙我和小孩搭上輕軌嗎？我盡量不要變得太沮喪，只能讓情緒過去。身為一個黑人身心障礙者，如果沉浸在自己面臨的歧視中，會被悲傷淹沒。

對我來說，我的障礙不是應該遮遮掩掩的東西。別人總對我充滿好奇，在街上把我攔下來，問我的腿怎麼了。因為我用拐杖，他們常假定我出了意外。他們常為我感到遺憾，說：「我很遺憾這種事發生在妳身上。」也有人會問問題，尤其是我和孩子走在一起的時候。「噢，妳生了兩個可愛的小孩，但妳怎麼了？」、「妳需要幫忙嗎？」、「妳還好嗎？」、「妳怎麼顧小孩？」有時候這些聲音愈來愈大聲、愈來愈重複，對我造成影響。我不介意別人的態度好奇友善，但當對方變得咄咄逼人或開我玩笑，造成的傷害很深。

我被問過最傷人的問題是：「妳要照顧自己都很困難了，怎麼還能帶小孩到這個世界上？」我真希望我當時回答：你根本不知道我辦得到什麼、辦不到什麼，但我太震驚而保持沉默。

我很驕傲。別人可能質疑我的能力，但我是個了不起的母親。我為孩子付出一切。我愛她們，照顧她們，為她們做所有事情。沒錯，我在這世上用不同方式移動而比較緩慢，但我的家充滿愛。

有時候情況真的很艱難，我精疲力竭。但我看到我的小孩微笑，跑來跑去，對我喊著媽媽，真是太美了。不管怎樣都值得了。

現在，隨著她們繼續長大，她們經常問我問題，尤其是我的小女兒，她非常調皮。她總是像這樣：「媽咪，我可以問妳一件事嗎？」我說：「當然可以。」她說：「媽咪，妳的腿怎麼了？」我回答：「我還是小嬰兒的時候得了小兒麻痺。」我向她解釋，但她不完全理解。她長大後，我會再多解釋一些。儘管她們不完全理解，但她們知道我的腿有狀況，也知道媽媽有時候又累又痛。我痛苦時常向上帝求助，因為上帝在艱難時刻給我力量。我感謝上帝賜給我美好的孩子，她們是我的天使，為此我永遠心懷感激。

我希望教我的孩子不要批判身心障礙者，接納別人獨特的樣子。我希望她們知道我們都是一樣的。不管我們是不是身心障礙者、膚色是否相同，都不重要。我們都是人。

身心障礙者常聽別人說我們辦不到。我想和其他考慮生小孩的身心障礙者說：去做就對了。沒有什麼能阻止你組成美好的家庭。我有一個美好的家庭。別失去希望。一切都沒問題——如果

我辦得到，你也可以。

妮恩寇克·切爾來自南蘇丹，她喜愛聽音樂、打掃、烹飪。她夢想有一天成為支持身心障礙者的醫生。她的最愛是兩個可愛的女兒。

菈法・辛格爾頓—諾頓
Lefa Singleton-Norton

我在三十歲生下我的第一胎。我在二十幾歲的後半段面對自己成為身心障礙者的事實，同時也渴望當個母親。當我幼小無助的孩子躺在我的懷中，我想到，我對於成為身心障礙者感到內心掙扎的原因之一——必須依賴他人——其實本來就是人類生命經驗的一部分。

我在二十六歲得到肌痛性腦脊髓炎／慢性疲倦症候群（簡稱ME/CFS）的診斷。我和我的伴侶都是年輕的創意工作者，正在創立我們的事業。我們在學生媒體工作時認識，離開大學後，我們自己創業，出版關於墨爾本節慶的雜誌。我們的出版模式像是另類的街頭報紙，在節慶期間每週出版一期雜誌——雜誌在活動現場發行，通常總共三至四期。這代表我們必須在短期內進行高強度的工作，而且期限緊迫。每結束一場節慶，我就發現自己燃燒殆盡，面對如此高強度的專案，這似乎是正常的反應。但漸漸地，我的耗竭反應持續更久，復原後也無法重返穩定的活力水準。等到我在一場節慶開始時就崩潰了，而且熬不過去，事情真的嚴重了。我覺得很不好意思，好像我讓團隊失望了，同時知道是時候承認我的情況不只是耗竭而已了。我盤點自己面對的各種健康問題，從疲倦、持續輕微疼痛，到淋巴結腫大不消、記憶問題、睡眠障礙、認知功能顯著衰退。我已面臨危機。

我蟄居在家數月，無法離開家門超過幾小時，完全受我的身體和不穩定的功能狀態所擺布。疾病診斷摧毀了我的職涯計畫，縮小了我的世界。我的伴侶擔起照顧者的角色，照顧我的基本需求。我發現自己幾乎不可能完成任何工作，無法預測認知功能何時會回復到可以處理基本辦公事務的程度。我不符合政府的身心障礙支持服務條件，靠伴侶和父母提供經濟支援。

這種經驗讓我覺得自己是個負擔。我內化了一種觀念，認為需要從別人身上獲取任何東西都是可恥的。但我現在必須接受照顧。我對於我的身心實踐那種觀念感到難為情。我們的社會對獨立非常執著，在這樣的社會中，我的疾病及我因此必須依賴醫療體系、家人、伴侶、社會，讓我感覺自己是個失敗的人。許多年來，這種羞恥定義了我的狀態。

但現在，有個小小的人需要我照顧。

有人警告過我，這個人的到來會讓我的人生和婚姻產生劇烈改變。有人告訴我，我會變成另一個人。我人生的優先順序與願景會改變。而我預期身心障礙者當母親會是難上加難。

我做了最壞打算。我最大的恐懼是我的身體會背叛我，沒辦法照顧小孩。我盡量做好準備，預設自己產後需要比一般人更長的復原時間，請醫生安排較長的住院天數，並轉入精神科母嬰病房接受更多支援。我買了擠乳器，如果餵夜奶會讓我在白天失去功能，就可以由我的伴侶瓶餵擠出來的母乳。

我們從醫院帶艾佛里回家時，我對自身能力的擔憂依然占據心頭。但接著，生活中多了一個新生兒的各種現實問題變成主角——餵奶、支離破碎的睡眠、尿布——我開始看出，我的身心障礙其實有助於面對這個生命階段。我本來擔心多年的失眠和破碎的睡眠模式代表我無法應付夜醒的嬰兒。但事實上，我對新的生活節奏適應得好得不得了。

更令人驚喜的是，我身邊的人都理解我睡眠不足的狀態，對我表示同情、提供實際支持。我在寶寶的作息中找到機會就小睡，但沒有人質疑我。我的大腦經過睡眠剝奪，會讓我忘記為什麼自己要走進一間商店，但在我努力回想我到底需要什麼的時候，旁邊的人看見寶寶，就充滿同情地點點頭。我週遭的人——從陌生人到我的伴侶——都接納我認知功能上的困難，並為此調整。只因為我是**新手媽媽，突然間，我的糊塗和緩慢的功能運作都獲得接納**。我成年後變成身心障礙者以來，第一次得到如此寬容的對待。

我一方面感激此時得到的支持，另一方面迅速意識到，在這之前，因應我的障礙而做出的調整實在太少了。生小孩之前，當我需要在下午小睡，別人的反應是揚起眉毛表示質疑，並影射我如果夠努力，應該可以調整成規律的睡眠作息。在我有了寶寶之後，隨時補眠的需求則獲得了同情的回應。

我意識到人們對ME/CFS的污名化影響了我受到的對待，更糟的是我內化了這種態度。我在此時跨出了理解身心障礙政治的第一步，儘管當時還沒有正確的語言可以表達。

我知道我不能期望自己一直保持良好的狀態，所以我和伴侶一起安排規劃，讓他有能力做到所有我能為寶寶做的事（除了親餵之外）。這剛好與我的女性主義政治理論相吻合——我決意避免許多異性戀伴侶都面臨的勞務不均問題。

事實是我確實需要因身心障礙而有所調整，但不如我所害怕的嚴重。而這也給了我力量。

我和許多新手父母不同，對照顧新生兒的日子有多麼不可預測做了充分準備。我早已為我每天的能耐起伏不定做好調適。我每天的計劃往往由當日的精神決定。和嬰兒一起生活也是同樣的道理。你可能訂了個很棒的計畫、做好萬全準備，但在有些日子，寶寶不肯合作。在有些日子，你必須接受想做的事就是無法完成。你因為寶寶小睡沒睡好、尿布炸屎、流鼻涕而調整計畫。這和身心障礙者的生活驚人相似。唯一的差別是，現在有不可預測的日常需求需要彈性應變的，變成兩個人了。

我對此處之泰然。我的伴侶習慣可預測行程的受雇工作和穩定健康的身體，這些調整比較令他挫敗。他總是想嘗試新的日常流程，或想找到一個解決方法把生活變得有秩序又可預測，重回他熟悉的狀態。

剛開始育兒的日子讓許多異性戀伴侶對於在家中保持性別平等的幻想幻滅。但我期待我的伴侶與我平等共同育兒，這份期待讓他有空間採取行動、為孩子付出。隨著孩子脫離新生兒階段，逐漸發展出較可預測的節奏，我和伴侶漸漸明白，平等分擔並不等於把所有工作一刀切成兩半。我們避免陷入每樣工作都要兩人輪流的想法。當我們比較清楚我在親餵上花費了大量的時間精力，我的伴侶就擔起較多其他家務。我睡眠破碎也不成問題，所以我負責較多夜班工作。他則負責比較多烹飪、打掃、洗尿布、冷凍母乳、泡奶的任務。

事情沒那麼簡單。我們有時還是發現自己落入了性別化的角色。但我們繼續堅持，仔細檢視我們的選擇，思考性別化的期待如何影響了我們。我們習慣自問不好回答的問題。我剛確診ME/CFS時，我們必須面對的問題包括：如果我無法工作，該如何定義平等的財務貢獻？如果用吸塵器二十分鐘就可以耗盡我那一整天的精力，我要如何為家務做出貢獻？我們在那時已釐清彼此的價值觀，以此打下基礎。我們早已為這段關係找出解方，所以在生小孩前就已解決了一些新手父母通常會面對的問題。最重要的是，我們可以在互相尊重的穩固基礎上持續成長。

身為女性主義者，我對圍繞著育兒的性別政治高度警覺——例如，有些隱微或外顯的壓力，要求女性順應母職的刻板印象。但我沒有預期當母親也提升了我對健全主義的理解。

我很快就發現，社會不願為身心障礙者做出的調整，對家有孩童的父母來說卻是理所當然的。和我同輩的家長會因為大眾運輸工具沒有無障礙設施而動怒。他們抱怨商店通道的太窄，反覆討論提供給嬰兒和兒童的公共設施不夠多也不夠好。他們是對的，這世界的設計沒有讓所有人都通行無阻——不應該是這樣。我們不應該因為使用推車、輪椅、助行器就被排除在公共生活之外。我同樣信奉女性主義的家長同伴預期他們生活的情況——在這裡，指的是有小孩的生活——不該讓他們與別人有任何區隔。我為什麼要接受我因為身心障礙就被排除在外？

我終於開始理解身心障礙政治過去數十年在說什麼；我和許多成年後才成為身心障礙者的人一樣，這輩子都內化了健全主義並使它持續下去。我認為我的健康狀況只是一堆缺陷，造成周遭的人和整體社會的負擔。我第一次開始認同自己是個身心障礙者而非慢性疾病患者。我開始分辨，我自己的身體限制、以及因為這些限制而將我排除和邊緣化，這兩者之間的區別。結構性的不平等因而凸顯出來，就像我也清楚看到社會所重視的事物、和我學習為自己和孩子重視的事物，這兩者之間存在著分歧。

為人母對於我社運人士的身分來說，是最重要的經驗，徹底釋放了我所有不平等的個人經驗。隨著我逐漸適應母親的角色，我也開始成為驕傲的身心障礙母親。身心障礙影響了我育兒的每個層面；過去我曾決心不讓身心障礙影響我或孩子，但現在我因為它讓我們家變得更堅強而感到慶幸。

身心障礙讓我注意到我和家人如何依賴別人。我同時受到雙方家人、我在社區中營造的社群、伴侶以及孩子的照顧與支持。身心障礙使我對於基於任何原因被排除或邊緣化的人更有同理心。

我現在接受依賴他人就是人類生命經驗的一部分，我也樂於教育我的孩子，依賴他人是正常的——在道德上也是中性的。我們並不需要把給予和接受的幫助放在天秤兩端要求公平，而是互助互惠。我希望我的孩子知道身為社區的一分子很健康，對別人付出有增權賦能的效果，還有，每個人都值得擁有尊嚴與照顧。但我也希望他們認清，同樣這個社會也認為身心障礙同胞的需求是特殊而多餘的，還從根本上予以否定，因為這些要求高於一般人的需要。我希望我的孩子找到在社群中活得負責任的方式，在需要時照顧別人和被照顧，重新想像當每個人的需求都得到滿足，我們的社群會是什麼樣子。

我是女性主義者，我的家人活躍於社會正義運動，但我驚訝地發現，許多活動並未提供托嬰服務，也沒有無障礙設施。不過也有例外。原住民抵抗戰士的遊行就提供了完整詳細的路線，確保身心障礙者可以評估自己能參與多少。有了清楚的資訊，我們家得以參與遊行。他們也是在遊行開始與結束的演說提供手譯員的少數組織之一，而且活動現場進行同步直播，所以無法到場的人也能在家參與。有幾年，我的障礙不允許我們到場參加，我和家人得以透過電視觀賞遊行。多虧有他們，我們家可以投入原住民的主權與自決議題。

我的女性主義與身心障礙政治之間有一塊交集的空間，我希望我的孩子可以繼承。這些運動的方向如果只是滿足女性與身心障礙者的需求，好讓他們變成社會中更有生產力的成員，這是不夠的。我們需要根本的改變，讓這世上的所有人都有價值。在這樣的世界，我們不再只關注一個人賺多少錢、生產多少東西、為只鞏固不平等、既非永續又不公義的經濟體貢獻多少。

儘管我蘊居在家的歲月已經過去，現在我兼職工作也養育孩子，但不代表現在的我比當年無法離開家的我更有價值。我當時或許無法為國內生產毛額有所貢獻，但不代表我不如別人，或我身為人類的基本需求不值得獲得滿足。照顧我自己的孩子及看到其他人照顧別人，讓我明白每個人都值得被照顧。

當母親使我重新梳理我與我的障礙之間的關係。身心障礙幫助我準備好進入母職，程度超乎我的想像。照顧另一個人讓我明白向他人尋求支持是沒關係的。依據需求去照顧和被照顧，是人性的一部分。

成為母親使我終於得以擁抱身心障礙驕傲。

勒法．辛格爾頓—諾頓是住在Naarm（澳洲原住民對墨爾本的稱呼）的作家與創意製作人。她的作品發表在澳洲廣播公司每日版、特殊廣播服務線上版、《大誌》、《橫越》，議題含括女性主義、育兒、身心障礙。

里爾・K・布里奇福德
Liel K. Bridgford

母親攪拌著生菜沙拉，阿姨站在爐邊。她們在討論食譜，然後母親驕傲地宣布：「*Ze klum avoda!*」（意第緒語，「她一定會有所成！」）她天生燒得一手好菜，從不覺得那是「工作」。她們整個傍晚都在交流食譜。幾位表親和父親討論政治，大家問我上小學如何、長大後想做什麼。我和姊妹用免洗塑膠杯蓋城堡。接著我們大啖阿姨做的七個蛋糕，同時，祖父母又講了一遍逃離納粹的故事。

那是一頓普通的以色列家庭晚餐。我很感恩住在二〇〇〇年代的以色列，而非一九三〇年代的歐洲——那是我祖父母成長並因宗教受到迫害的年代。當時，像我這樣的孩子被謀殺、虐待——身為身心障礙的猶太小孩，我大概很難存活下來。這份認知一直像烏雲一樣盤旋在我的童年上空。

・・・

我常想知道我體內的小小人兒發育得怎麼樣。他會擁有完整的器官、骨頭、手指、腳趾嗎？他會遺傳我的疾病嗎？這些問題整個孕期不斷迴響在我腦中。突然間，我的身體又展示在醫療人員面前——任他們戳弄、下決定、甚至劈開來。我恐懼的那種脫離肉體的感覺（我曾拚命克服那種感覺）又悄悄溜回來。我心想，生來就有子宮和陰道真是太不幸了。如果我在精卵結合的過程中只是精子提供者，就不需要赤裸呈現我的身體和病歷了。我嫉妒丈夫，他西裝畢挺地來到門診，在我懷孕期間都喝濃咖啡。他不需要擔心自己的體能可否因應懷孕和生產的威脅。這類問題一直是我心上的重擔——我的身體對生產會有什麼反應？我要怎麼應付育兒生活？

我的成長過程中，身邊總是有許多大人——親戚或家族的朋友。大家一起看顧小孩，親戚也常參與餵養小孩、幫小孩穿衣、安撫或逗樂孩子。我有許多個下午和爺爺一起玩圈圈叉叉、打撲克牌、下棋。外婆是城裡的*balabusta*（意第緒語，模範主婦），橄欖色的雙手隨時端著精心烹調的美味佳餚。奶奶是詩人，也是大屠殺倖存者，她煮的菜色分量小但口味重。我家族中的母親角色應付養兒育女和家務似乎都輕鬆自如——那是她們的地盤，男性則負責大部分賺錢的工作。

在我家裡，什麼事都很「大」——猶太節日、爭論政治話題的音量、對加薩走廊或特拉維夫街頭又有人逝世的反應。只有我的身心障礙除外，它被淡化為一個醫生正在處理的「問題」，方法是用無數的手術，切開我的骨頭並在中間打上鋼釘。接著還需要更換鋼釘以延伸和拉直我的腿。這個試誤的歷程持續，貫穿我整個童年。醫生很少討論我的疾病到成年會如何表現，或者我的人生會和同儕如何不同。他們只狹隘地關注我肢體和關節的長度與角度。

• • •

我在孕期第十三週的超音波掃描看到所有的腿骨，我的雙眼滿是淚水，胸口的一團焦慮隨之消融。

• • •

我在二十歲出頭搬到澳洲。當時我已服完兵役、大學畢業、認識了我的未婚夫。搬到一個更安全、無障礙可及性更高、更願意接納的國家——我伴侶長大的國家——這個決定似乎不難。對我來說，澳洲是自由之地。我感覺就像阿拉丁乘上魔毯。我不需要「克服」我的障礙，就可以成為我想當的任何人。這裡沒有戰爭、咖啡廳裡沒有炸彈爆炸、沒有人預期十八歲的年輕人為國捐軀。你唯一要做的只有追夢——這是最適合成家的地方。

抵達這裡讓我感覺迷失又振奮，像個小孩坐在旋轉木馬上，但其他大小孩推得有點太快了。

我對澳洲懷著興奮的心情，直到我成為母親。

• • •

他出生的頭兩天極其幸福。雖然我的身體累壞了，但也感受到對寶寶強烈的愛。此時的他已和我如此不同——如此完美。我要怎麼為他當個完美的母親？幾天之內，我開始受到各種抨擊——「他的含乳姿勢不正確。」、「原因或許是妳乳房的形狀。」、「在他尖叫的時候推他上來含乳。」、「先安撫他。」我試著遵循每一個互相矛盾、甚至有時帶有指責意味的建議，但根本不可能。

我在照顧初生的寶寶時，心中暗想我的身體怎麼會創造出這麼完美的存在。我也疑惑自己現在是誰，在心中焦慮地深思著這些事情。為什麼我不能放手，當個我嚮往的從容母親？為什麼我的腦袋同時感覺這麼沉重、空洞又黑暗？現在每個人都叫我「媽媽」，彷彿我已自動變身成澳洲母親的標準模樣。我感覺像個騙子——我不能親餵，還在和背痛、腿痛搏鬥，無法達成大家對新手媽媽可以手握隨行杯拿鐵、遛著狗推嬰兒車的期待。

我以前覺得是自由的東西，現在變得像個無底洞。魔毯飛得搖搖晃晃。突然間，我在腿痛時不能休息。我以前每天固定做抑止疼痛的運動，現在沒有了——照顧新生兒占去所有的時間。無眠的夜晚、親餵、抱搖嬰兒好幾個小時對身體的負擔大到超過我的預期。我的育兒生活和小時候的經驗不同，並非總是有其他成人在場。我常常獨自一人和哭泣的寶寶在一起。當我感到疼痛，等待清洗的東西就堆積如山，食物也庫存不足。就算我的丈夫或其他家人在場，我也想當個我長大過程中熟悉的全能母親——在我的記憶裡，她們似乎有無窮精力可以奉獻給育兒。我想為我的孩子盡力當最好的母親，但我以為那代表我不能是身心障礙者。我以為我必須克服身體的障礙。

我對依附理論的理解，加上我當母親後改變的大腦，導致我相信寶寶「需要」我一整天的每一分鐘都滿足他要的一切。只要其他人照顧寶寶，就算是我的丈夫——孩子的父親，我都會被罪惡感淹沒。我突然渴望母親煮的菜、姊妹安慰人的聲音、以及每個人隨時體貼彼此需求的相處方式。我不記得我父母曾像我現在身體應付得這麼吃力。我意識到，就算他們曾經感到吃力，他們身邊一向有個村莊般的家族網絡。我現在孤單一人待在寒冷墨爾本的黑暗房間裡，和一個哭泣的嬰兒在一起，屋內凌亂不堪，我沒有一座村莊。儘管我的骨盆承受著沉重的壓力，還有劇烈背痛，我還是持續圍繞嬰兒房的地毯踱步，努力安撫寶寶。我常感到黑暗絕望。我沒有告訴海外家人我的感覺，因為我知道他們只會擔心，要我回去。這裡就是我現在的家，我下定決心要成功。

身為新手媽媽，我如往常一樣努力隱藏或淡化我的障礙。我喜歡假裝身心障礙不是我的一部分，但育兒過程不斷提醒我它就是我的一部分。少數人問我家人都在國外，怎麼應付這些轉變，他們通常接著給一些誤導人或身心障礙者辦不到的建議。例如，當我問該怎麼安撫寶寶，常見的建議是走動或抱搖。我點點頭，吞下我的實話。每次去健兒門診，我都想知道我的檔案有沒有提及我的疾病，希望有人過問。我很矛盾：我希望把身心障礙藏起來，但我渴望支持。沒有人過問。

我從醫療專業人員、書籍、手機app、社區裡的人那裡學到，當澳洲母親有正確方式，其中包括全親餵一年、從頭開始自煮餐點。一位泌乳顧問叫我不要用乳頭保護罩，假裝自己在無人島上。我很快就意會到——在這裡，接受幫助就是作弊。我試著實踐這個女人自己就是整座村莊的幻想。我強忍著臀部刺痛和腳上刀割般的疼痛，因為沒有別人能餵寶寶、安撫寶寶、幫他換尿布或穿衣服。我經常只吃吐司或穀片。母親覺得很沒面子，給了我一些「簡單」的食譜。我無法向她坦承，我們對簡單的定義完全不同。要我同理孩子不難，但顧一下爐火就能讓我備受折磨。我以前在家裡從不需要解釋這件事，因為其他人會帶食物過來。在這裡，我必須換尿布、教小孩、煮飯、打掃、餵小孩、洗衣服、主辦活動、規劃假期，甚至寄聖誕卡。我可以求助——但只有當我真的做不下去的時候，而且只能尋求「必要」的支援。有幾位朋友和家族成員偶爾可以協助。但當我接受幫助，感覺就顯示我比較差。我內心的健全主義尖叫：妳應該全都要辦得到。我雖然享受看著我的寶寶睡覺、微笑、學習，但我覺得我既沒辦法成為猶太或以色列模式的母親，也沒辦法成為澳洲母親。

我在孕期發展出的焦慮——擔憂、反芻思考、自我懷疑、心跳加速——在生產後並未消失。我的寶寶是個相對開心的嬰兒，但當他躁動不安時，我覺得好像代表我失敗了，儘管我理智上知道事實並非如此。我也想念我的家人。我想像如果他們在身旁，生活會多麼不同。我直到當了母親，才明白我童年的村莊支持我的方式多麼獨特。這個村莊帶給我壓迫，卻也減輕了健全主義的影響。這個結構告訴我，我必須受到修正，但也為我爭取最好的教育機會。叫我遮住腿的這群人，也像照顧自己一樣照顧我的身體需求。我的村莊像一位恩威並重的母親，一下輕搖她的寶寶，一下給寶寶太大的壓力。

到了澳洲，我突然變得更加失能，也不那麼失能。不那麼失能的原因是這裡的態度似乎比較進步。更加失能的原因是這個社會期待新手媽媽完成整座村莊的工作。我遇到的第一個助產士在課堂上談到「球場邊線母親」，暗示你如果不能參與小孩體育活動，就是不適任的家長。在這裡，健全主義確實也存在，只是看起來有點不一樣。

我害怕如果告訴別人我很辛苦，他們也不會理解或協助。最糟的是，我擔心有人會在我的病歷上標記，可能影響我接受的社會服務或澳洲移民身分。沒有人會理解我惡化的疼痛或新出現的焦慮。當我又讀到澳洲新聞報導有人因為身心障礙，簽證申請遭到駁回，我的心沉了下來。我極度疲憊的大腦試著計算我遭遇此事的機率——技術上來說我有身心障礙，但政府知道嗎？如果我需要更多支援呢？我從來無法確定我的健康紀錄會不會影響在澳洲永久居留的可能性。而我不能冒險，讓我的孩子失去我冀望他擁有的生活——遠離飛彈、避難室、義務役兵役。回到我的家鄉，身為男性的他終將被徵召從軍，打一場與我信念不合的戰爭。

我兒子在李被殺四年後出生。李是個有活力、愛音樂的人。他愛玩水、愛他的家人朋友和他的國家。他是我好友的弟弟，在二十歲時被送去加薩走廊打已經持續數十年的戰爭。李的逝世在我好友、她的家人和他們認識的人心中留下巨大的空洞。我常想起這件事，哭著看我的寶貝，想像他在十八歲投入這場致命戰爭。我痛心地想到那麼多嬰兒長大成人只為了去送死，因為仇恨比和平更受人歡迎，也因為人們誤以為為國捐軀是種榮幸。我想到和我在以色列空軍一起服務的阿薩夫和他寬闊和善的微笑。我回想起他的葬禮，辦在纖瘦憂傷的樹林間的山中墓地。他的軍人朋友當時是我的下屬，他們難以面對他的離世。我不知道該怎麼安慰他們。阿薩夫的母親悲痛欲絕。這些死亡以及其他各處的死亡——像黑暗的天空籠罩在我頭上，更為我兒子出生的時刻蒙上一層陰影。那種哀傷與恐懼永無止境。我急欲保護我的兒子。

我必須在澳洲順利育兒。只要能保住我孩子的性命，讓他在一個看重健康與品格的國家茁壯成長，我的疼痛只是小小的犧牲。

我用寫作和閱讀應對一切。我渴求理解與連結。有人推薦我一本多位母親寫的故事集。我如饑似渴地讀完，又讀了更多同類書籍。我又哭又笑，讀著感到撥雲見日——不是只有我的寶寶和乳房不親，也不是只有我在產後感覺不像自己。

沒多久，這也不夠了，因為我讀的書中沒有一位作者是身心障礙者，或至少沒人透露這點。我希望這部分的我能受到肯認。我希望我可以做自己。我這輩子第一次閱讀生命經驗與我相像之人的故事，儘管他們的身體和我完全不同。這麼做讓我看到一座新的村莊，過去我完全不知道有這個地方存在。這就是身心障礙社群——大家在此坦誠而驕傲地分享經驗，擁護正義。這座村莊的基礎是愛，以及對每位成員的價值都深信不已。村裡的每個人都是平等的，所有人互相支持——儘管方式與我過去所習慣的不同。這裡的人不為彼此煮飯，而是表達理解與關懷。這裡的人不抱搖嬰兒，而是閱讀彼此的話語並相信對方的話。他們主張無障礙的環境，讓每個人活出最棒的人生。這種支持給了我發聲與求助的勇氣。

儘管仍有風險，我逐漸學會信任別人，包括醫療和社會體系。我透過故事與別人連結，改變了我怎麼看待自己的身心障礙，以及我身為一個人，怎麼看待自己是誰的問題。我找到了一條線索——我的身心障礙認同——可以把我的碎片串起來。破碎的自我似乎可以拼湊起來，變成一幅燦爛奪目的美麗拼貼畫。我不再把自己視為支離破碎。找到那條線索讓我得以放開焦慮，從我的內在及和孩子共處的時光找到更多喜樂。我學會看著他奔跑，不為我無法加入而感到罪惡。我可以回絕活動，知道他待在家一天也會玩得開心、學到很多。我可以帶著拐杖去博物館或公園而不感到羞恥。

我兒子很快就要滿三歲了，從他出生到現在，我已學到好多。我依然因為社會的態度和歧視而受到阻礙，但我正在處理我內化的健全主義，發展自我肯定。從零開始打造一座村莊難度很高，但比假裝我自己就是一座村莊來得容易。我學到我必須求助。我正在用我母親從不需要使用的方式建造一座村莊。我把托嬰中心當成支柱，樂於接受別人提供的實質幫助，同時處理這麼做時浮現的罪惡感。我允許自己在別人幫我的孩子洗澡時休息。我的小孩已經知道騎腳踏車是爸爸時間才有的特別活動。丈夫現在是家中的主廚，我們都為此感到驕傲。我對母親的角色不再抱有健全主義式的想像、以為母親是孩子唯一的支柱，我也明白了當個好父母沒有正確的方式。想要依據我家族的範本或澳洲主流文化的模板來育兒是行不通的。一定有一種最好的方式，適合我、我的孩子、我們家。透過嘗試錯誤、傾聽我的身體、找到多元的身心障礙者角色楷模，我們正在搞清楚怎樣是最好的方式。

有了這座身心障礙村莊，讓我得以接納與讚頌真正的我。但打從心底感到自在與驕傲不是終點——而是我持續努力達成的一種生活方式。我依然面對挑戰，必須不斷重新定義何謂好父母。健全主義式的期待偶爾仍會出現——當我批評自己，或感覺自己失敗、像個冒牌貨的時候。就像我刷了牙，但留在口中的苦味揮之不去。針對為人父母的定義不斷挑戰自己，有時候幾乎跟照顧新生兒一樣令人疲憊，但至少我能睡覺。當我不那麼焦急著要當個不像我的人，我學會更享受與孩子共處的時光，以及練習正念。現在，我是個擁有與眾不同技能與角色的獨特母親，我為此慶賀。對我的孩子來說，我是最棒的母親——是夠好的母親，正如我是夠好的自己。

我的小孩因為我是身心障礙者而有許多學習。他學到了同理心——他常親吻我疼痛的腿。他常在其他小孩難過時幫助他們——遞衛生紙、拍拍他們、問他們還好嗎。我相信允許情緒擁有空間與接納差異，幫助他發展出這些特質。我確定他從我整個人有所獲益。他從我身上學到自愛與韌性。我們都還在學著理解，身心障礙和多元性是正常的。在我們一起運動、一起休息的時候，我教他自我照顧。我們正學習如何同時自我照顧與照顧他人，從中取得平衡。從我去他的托嬰中心當志工等等例子，他學到回報別人與關懷互惠。我們學習正義、倡議、包容、團結、無障礙可及性。我們的頭上依然被歷史和當前現實構成的陰暗天空所籠罩，但我們尋找月亮，聞嗅花香，提醒彼此留意與欣賞微小的事物。經過多年，我們兩個都學會在生活中表達愛與關懷的各種語言。寫信或發訊息、畫一張畫、買個禮物、幫忙鄰居園藝工作、擁抱。我提醒自己，煮飯和其他體力勞動並非展現關心的唯一方式，我也在實踐感恩的態度。我感激自己成長的村莊，感激我們持續打造的村莊，也感激為人母讓我得以培養的身心障礙驕傲。我的孩子給我的禮物是最解放的禮物。擁抱我的真實、決定對自己的一切給予完全的愛並引以為傲，讓我有了容納喜悅、創造力、歡笑的空間，並和我的孩子建立真正的連結。這都多虧了我所有的村莊，我成長的村莊、身心障礙社群村莊、家庭的村莊——我所選擇及賦予給我的。這些都是我的村莊，也都撐住了我。

里爾・K・布里奇福德是作家、詩人、podcast主持人、身心障礙與正義倡議者，也是澳洲廣播公司TOP 5 Arts媒體進駐計畫入選者。她的作品由澳洲廣播公司發表，也發表在等候室藝術公司的《空間誌》。她在身心障礙與心理健康領域工作，認同自己是驕傲的身心障礙者、移民、非常規性別女性。

潔西卡・史密斯
Jessica Smith

我常被問到，如果有選擇，會不會選擇生來擁有雙臂？我的回答是響亮的「不會」。

我認同自己為身心障礙女性。我先天沒有左臂，從來沒有人解釋原因——醫生對我父母說「這種事就是會發生」。這個事實是我是誰的一部分，我也引以為傲。但我花了很長的時間才走到這一步。

當我回頭看年幼的歲月，想起曾經歷的痛苦就感到心痛。儘管我從小到大都被愛與支持圍繞，我很害怕這個世界因為我與眾不同而憎惡我。

我的父母因為我的先天障礙而受到驚嚇。當時是一九八〇年代初期，懷孕期間只有幾次超音波掃描，沒有任何跡象顯示有哪裡「不一樣」。我常揣想在那一刻，產房裡是什麼情況。據說父親昏倒了。我可以想像，完全沒有心理準備下生出少了一隻手臂的孩子，確實挺震撼的。不知道護士對我母親說了什麼？他們只是同樣震驚嗎？還是他們提供了支持？

在某個階段，醫生建議為我裝配義肢手臂。他們說這有助於我的成長和發展，幫助我擁有比較「正常」的童年。我才十八個月就裝上第一隻假手臂。當時的科技和今日完全不能比。我的義肢像個爪子，不但笨重龐大，還必須用帶子捆著我的肩膀和脖子才能固定。就在適應新手臂的第一個月，我在廚房遭受恐怖的意外傷害。

一天早上，母親正在做早餐，我走進廚房，看見長椅上有一盤餅乾。我伸手想拿餅乾，但因為我用義肢去拿，不知道我在過程中撞倒了燒水壺。我的假手臂無法感覺或偵測高溫。我一抬頭看，滾燙的熱水倒在我的脖子和胸口上。母親當下驚恐萬分、不敢置信，做了她以為正確的處置：她試著卸下我的義肢。但因為義肢綁在我的胸上，衣服也需要脫下來，於是皮膚隨之剝落。我身上百分之十五的皮膚遭到三度燒燙傷。

我需要接受植皮，復原過程中進出醫院好幾年。幸好，意外發生時我還小，不記得細節，只知道父母告訴我的事發經過。

但我記得小時候外表不同，而且身體無法像其他小孩那樣運作的痛苦。醫生告訴我父母，我成長過程會有身體意象的議題，但關於怎麼處理沒有給予任何建議，所以我父母並不真的理解那是什麼意思。小時候，我聽到大人低聲說些類似「她以後會很辛苦」和「她的人生會很艱難」的話——而我相信了。

幸好，我父母的眼界超越了專業人員狹隘的思維，他們對我說：「小潔，我們不為妳感到遺憾，所以妳也千萬別為自己感到遺憾——這個世界不欠妳任何東西。世界上有很多很棒的機會可以把握，只要妳選擇把握。」有時候我希望他們沒有把這種嚴厲的愛實踐得如此成功，但這是他們幫助我的方法，我因此學到不拿我的外表當作藉口。如果有件事看起來不可能辦到，我必須先嘗試才能求助。我很快就學會適應，找到自己做事的方法。

我要證明自己不被我的障礙定義，最直接的方式就是用我的身體。我和幾個哥哥一起爬樹、踢足球。我們用舊紙箱做成座椅，從河邊的山丘上滑下來。他們教我溜滑板、用一隻手握球拍打板球。

當然，我從很小就愛上游泳。我和多數澳洲小孩一樣喜歡待在水裡，那是我的第二個家。我十歲時比了第一場校內的游泳嘉年華。我贏了五十公尺自由式的比賽，打敗所有有兩隻手臂的女孩和男孩。我在那一刻體驗到前所未有的複雜情緒：興奮、驕傲、喜悅。在我年輕的生命中，第一次因為我辦得到而非辦不到的事情受到注意，是我最美妙的經驗。

從那時開始，我在游泳池裡表現突出。我在十三歲時第一次入選澳洲游泳隊。我有許多天賦，加上強烈的決心，要向世界證明他們對身心障礙的看法是錯誤的。但我並沒有像好萊塢式的童話故事那樣，接著就贏得帕運金牌，從此過上幸福快樂的生活。

我剛進入青春期時，被迫迅速變得成熟。旅行世界各地時，別人期待我表現得像個大人。但儘管我穿著綠色和金色[26]，代表我的國家參加游泳比賽，感覺還是不夠——我還是太不一樣了。

我喜歡訓練和比賽，但我忍不住把自己和身體健全的隊友相比較。我不懂為什麼我受到不一樣的對待。難道我不值得和他們擁有一樣的認可，不值得和他們取得一樣的訓練資源、補助、獎學金，好在完成學業和讀大學期間資助訓練嗎？我拚命想理解為什麼我的障礙在週遭世界如此不受歡迎。不斷試圖證明自己讓我精疲力竭。

在游泳池之外，我也苦苦掙扎。當時我是個有傷疤的獨臂青少女。我看起來不像電視或雜誌上的模特兒。我說服自己，如果可以改變我身體上能夠控制的部分——如果我能減重，符合社會標準，達到所謂的「完美身材」——或許大家就會忽略我的不完美並接納我。

我在十五歲得到暴食症和憂鬱症的診斷。母親叫我不要告訴別人。她也感受到羞恥感、罪惡感。我終於用我的聲音說出我應付不了了，但沒有人聽。至少感覺是這樣。

二〇〇四年，我達到游泳生涯的顛峰。我以澳洲帕運代表團成員的身分降落在雅典。我那年十九歲——興奮、緊張又驕傲；我的夢想和努力都實現了。全家人都飛來支持我。但我身上的壓力和期待太沉重了。我原本備受期待要在三項個人競賽奪牌，結果卻成為澳洲游泳隊中唯一沒有進入決賽的選手。

我花了許多年才有辦法談論這麼重大的失敗。真是太慘痛了，目標如此近在眼前卻遙不可及，讓人撕心裂肺。我感受到難以承受的羞愧與恥辱。

我的職業生涯結束了。我回到澳洲，進入一間復健機構住院治療六個星期。我跌落谷底。但——老套的來了——這也是發生在我身上最棒的事。我允許自己療癒，允許自己說：「我現在不好。」於是開啟了復原歷程。

雅典事件過後不久我開始接到電話，邀請我在一些活動演說，分享我的帕運旅程。我站在全國各地的舞台上，只談其中一半的細節——我以為觀眾想聽的部分。關於我多麼驕傲，多麼興奮，談那是我生命中最不可思議的經驗。觀眾沒多久就開始走神。他們可以感覺到我不真誠，因為我確實不真誠。

有一天，我決定講出真正的故事、完整的故事，結果引起了共鳴。我開始接到愈來愈多電話要我分享未經剪輯的經驗。當我向大眾分享愈來愈多我對身體意象的掙扎，我開始感覺自己有責任為別人發聲。我希望鼓勵其他人對這些議題發聲。我轉向社群媒體，在Facebook和Instagram上發起活動，集結世界各地的人。我拆解身體意象的複雜性，外表只是其中一個層面。我鼓勵大家探討性別、性、族裔、宗教、身心障礙、心理安適等元素，這些都影響了人對外貌的感覺。

我在這段期間認識了丈夫。我們透過共同朋友相識，但我們來自不同的世界。丈夫在伊朗出生，但在格拉斯哥長大。我們受到的教養方式、文化、宗教、族裔都不同，在成為伴侶時必須踏上一段了解彼此觀點的旅程。我們在交往初期就討論過生孩子的事。我們兩人都渴望為人父母，組建家庭。

27 綠色和金色為澳洲國家代表色。

但身心障礙者只要一墜入愛河，健全主義很快就會冒出來。為什麼非身心障礙者會想跟身心障礙者在一起？這是健全主義的表現。但老實說，我也問過同樣的問題。他為什麼想和我這樣的人在一起？他有什麼毛病嗎？

當你處在一段茁壯發展的關係中，要克服內在的健全主義並不容易。丈夫從未如此近距離地接觸身心障礙，但他在自己的成長過程中必須應付種族歧視和伊斯蘭恐懼症——他的潛意識中完全沒有健全主義造成的隔閡，部分原因或許就在於此。或許他從小到大必須面對太多偏見，所以心胸比較開放。或許他只是墜入了愛河。

撇開健全主義不談，我想組建家庭。我夢想生至少三個小孩，在我的想像中，我從未因身心障礙受限。我的夢想天馬行空，逼真到讓人相信可以實現，但不是真的很實際。我從來沒考慮過只有一隻手臂的我，當了母親後可能會遇到什麼難題。我只夢想著在公園玩、去海邊、做所有家庭會做的事。但結果步向母職的旅程成為我面對過最大的挑戰。

起初是一位好友問我的障礙有沒有遺傳性。我感到震驚憤怒。她怎麼能問我這種誘導性的問題。假如我生下一個有身心障礙的孩子又如何，這有什麼錯？

但我卻開始產生質疑。也許我的障礙是遺傳性的？為什麼我從未研究過這件事？也許我不該生小孩？健全主義悄悄出現。在那一刻，我對自己說：「反正我不真的是身心障礙者。」突然間，我再次意識到——儘管我做了那麼多關於身體意象的倡議工作——我並不想成為少數群體的一分子。我不想當身心障礙者。在我懷孕之後，這種情緒掙扎依然持續。

但想當母親的欲望勝過了所有恐懼與懷疑。我們試第一次就懷上大女兒，我和丈夫欣喜若狂。

我和助產士第一次約診的情形，一如我平常和醫界打交道的狀況一樣尷尬。我有一些關於身體和寶寶的疑問，她則對我的身體能否應付當母親抱持疑問。我很氣餒。她為什麼需要質疑我的能力？這讓我感覺自己不如別人。感覺好像她希望能幫助我克服我可能面對的所有障礙。但我這一生都用自己的步調和方式來調適與學習做事。當母親為何會有所不同？

這背後的含意是我的障礙會阻礙我當個**好母親**。

醫護人員假定身心障礙者是破損而需要治療的。但我從來不是破損的。我常下意識地說出：「沒問題，我是帕運選手。」好像這幾個字有助於她聚焦在我能力所及的事情，而非她認為我可能做不到的事。

我常用「我是帕運選手。」這句話，彷彿我因此有正當理由可以過正常的生活。

我也愈來愈擔心變化中的身體。經過十年與暴食症、厭食症為伍的日子，當我的身體在孕期中產生改變，我需要獲得安慰。我因為害喜而身體虛弱，體重起伏變動，完全不享受懷孕。我最後得到妊娠劇吐症的診斷，這是一種懷孕的併發症，特徵為嚴重噁心、嘔吐、體重下降、脫水。我在第一孕期體重下降，再次面對過去因為暴食症造成的創傷。我已經徹底康復，現在卻面臨這種身體虛弱的局面，無法讓身體停止不適。一位極親近的家人怪我又恢復舊習，讓我感到受傷。

等到我終於吊了點滴，才顯示出情況的嚴重性。

幸好，到了二十週，身體不適的情況得到緩解。我的孕期開始變得享受。很快就到了去嬰兒用品店探險的時候。一次我們在一家店裡看推車，大約有二十台推車排排站。另外三組伴侶也在看推車，所有人看起來都不知所措。我在店員解說推車功能時站在後面聽。她解開又扣回安全帶，然後拆卸座椅，我聽到她對其中一位孕婦說：「妳必須用兩隻手使用這些推車，否則辦不到。」

我深吸一口氣，後退一步，躲在架子後面。我的丈夫走到別處了——大概因為汽車安全座椅的價格分心了。

店員結束展示，其他幾組伴侶也散掉以後，我決定自己嘗試收折和組裝其中一台推車。我很焦慮別人會看我，所以我盡量快速又安靜。但我無法卸下座椅，因為必須同時抓住兩側才能鬆開座椅。我的孕肚擋在中間，身體沒辦法找到一個姿勢近到讓左手搆得到按鈕。座椅一半拆開、一半固定，我也卡住了。我感受到別人的目光。他們發現我獨臂，就馬上移開視線，彷彿他們因為我的難為情而感到難為情，真是難堪。

店員衝過來。「哦，我來幫妳。這裡，只要這樣。」她邊用雙手操作說。「或許妳出門時也可以請別人幫忙。」她說。我知道她熱心助人，但如果我需要她的幫忙，我會自己開口。

哈米德從我的眼神看出我心碎了。我看著他說：「我們走吧。」我們有點唐突地離開。我無意冒犯任何人，但我需要脫離那個情境。

我最後決定自己回去那家店。我知道我辦得到。我一向有辦法搞清楚事情怎麼做，只需要時間和空間理出頭緒。這次店裡空無一人，我向店員解釋，我不需要幫助。我試了幾次就成功了。我鬆開座椅，收折推車，然後再次組裝回去，感覺好像贏了金牌。

隨著預產期愈來愈近，我和我的助產士及產科醫生建立了穩固的關係。他們理解我不擔心自己當母親的能力，唯一的顧慮是社會看待我的眼光。

儘管如此，有一次我的荷爾蒙和自我懷疑還是主宰了我。我當時懷孕三十八週，意識到我要幫新生兒洗澡會很困難。我在醫院看了示範，一位護士用前臂枕著寶寶的脖子，另一手幫他清洗。淚水滾落我的臉頰。想到我無法和我的新生寶寶一起經驗這樣的親密時刻，我徹底心碎。我倒在那間浴室的地上啜泣，在那一刻感到徹底傷心無助。走出浴室之後，我向丈夫解釋，在此之前我從未感覺自己這麼依賴他，或依賴任何人。我痛恨依賴的感覺，但我需要他。我需要他理解他必須負責這珍貴的時刻，直到我有自信抱著寶寶進去或靠近洗澡水。

從小到大，我感覺只要我在任何事情上失敗或辛苦掙扎，別人就會怪到我的障礙頭上，就算我的障礙和那件事一點關係也沒有。彷彿社會假定身心障礙者不可能輕鬆完成任何「正常」的事情。所以當我告訴別人我想嘗試自然產，我不意外有些人的反應是：「真的嗎，妳確定妳辦得到？」為什麼獨臂會限制我生小孩的能力呢？其實不會。社會對身心障礙的整體觀感讓我們的生活變得困難許多，因為我們必須不斷證明自己的能力。

另一方面，我也體驗到助產士對我滿滿的愛和（我相信是）讚賞。我有點認為這出自同情，雖然我試圖避免別人的同情之舉，但我在分娩時需要盡可能得到最大的支持，我很感激他們向我展現這些情感。

我生第一胎時打了減痛分娩——我痛恨那個經驗。女兒出生時，我還在驚嚇中，感受不如平時深刻。

我和多數新手媽媽一樣，在照顧新生兒的日子裡遇到最大的兩個挑戰是親餵和睡眠剝奪。只用一隻手臂親餵並不容易。我可以把女兒枕在彎曲的右手上，但不能用左手引導她到我胸前。我必須前傾身體靠近她，結果沒過多久就疼痛難忍。我的背部和頸部僵硬，她的含乳也不正確。我流血了，那種疼痛令人無法忍受。但我不放棄。我不能辜負我的孩子。我不能讓我的障礙阻止她得到這輩子最營養的食物。所以我繼續下去。我流血、哭泣了六個星期。然後有一天，忽然不痛了，像個奇蹟，我們創造出默契，我在生產後第一次感覺自己放鬆下來。

因為親餵的混亂，我在最初六週很少離開家門。我不想在需要餵她時受困在外面，使得情況應付不來或我痛到哭出來。但現在，我們開始理解彼此，建立連結。

女兒出生的頭一年，我有多次產生自己能力不足的強烈感受。汽車安全座椅的安全帶、嬰兒推車、購物車、嬰兒背巾、換尿布、穿衣服、脫衣服、洗澡、餵食，全都充滿挑戰。但一如往常，我總能找到方法應變，老實說，當母親對我來說最困難的一直都是睡眠剝奪——不管有沒有身心障礙，所有父母都有同感。

女兒出生後兩年，我生了兒子。這次我完全自然產，沒有使用止痛藥，這個經驗帶給我無比的力量。我的身心合作創造出一次美好的經驗，感覺自己像個女超人。

兩年後我懷了第三胎。我練習催眠分娩，想在水中生產。我的丈夫、產科醫生、屆時會在場的陪產員都給予支持。沒有人質疑我在水中生產的能力，但我在做準備時看了一些影片，漸漸開始產生懷疑。我要怎麼安全地接住我的寶寶，把他帶到水面？我的身體要用什麼姿勢才能將他抱緊？我和陪產員談了我的感受。她只看著我，說：「妳辦得到。」從那一刻起，我放開了所有懷疑。

但我們抵達醫院時，我感覺得到助產士看著我。我完全明白他們表情的意思。那是不理解或不接受身心障礙的人會露出的沉默表情。我住過杜拜，那裡沒有人談身心障礙，甚至不太看得到身心障礙者。

我太習慣這種反應了，絕不允許我的分娩或生產因此受到妨礙。我在八點半抵達醫院，兒子在十點四十五分安全地在水中出生。我到現在都還無法描述那帶給我多大的喜悅與平靜。我感覺自己所向無敵。

・・・

母職就像我人生中其他的每一個面向，我從中學習如何應變，用自己的方式做事。我們的小家庭已遊歷世界各地。我們搭過飛機、火車、船、巴士——帶著三個孩子、推車、一大堆行李。我們經歷過艱難的時刻——例如在飛機上的狹小廁所換尿布時遇到亂流。或我一個人帶孩子去公園，結果三個小孩往不同方向跑。或我剛坐下喝一口熱咖啡，馬上聽到哭聲或老大和老二吵架……但育兒就是這樣。

我認同自己是身心障礙女性，很驕傲我用一隻手臂生活。比起我的身體辦得到或辦不到什麼事情，社會對我們的觀感更讓人失能。我的母親角色對孩子有示範作用，讓他們成長過程中沉浸在多元性與差異性中。我想和我的小孩一起踏上一段探索的旅程，一起成長學習。我希望他們看到身心障礙並不糟糕，也不需要修正。身心障礙為我們的世界增添了一份美麗。我希望我的孩子在成長過程中對於自己是誰、自己的樣貌感到自在與自信，唯有由我示範給他們看，才能辦到這一點。

只要我感到懷疑，只要我感覺我在面對未知時彷彿難以呼吸，我就到水面上換口氣，提醒自己，我用自己獨特的方式育兒，這對我們家是最完美的。

潔西卡・史密斯擔任澳洲游泳國手七年，生涯高峰為入選二〇〇四年的雅典帕運。退休之後，潔西卡將生命投入在以尊重的態度教育社會擁抱差異與身心障礙的重要性。她現在是國際勵志演說家與作者，藉由分享自己的故事讓世人看到，她並非「儘管與眾不同」仍受到讚揚，她會受到讚揚，正因為她與眾不同。

蕾貝卡・G・陶席格
Rebekah G. Taussig

寶寶出生前一晚，我讓伴侶米卡為我擱在癱瘓雙腿和輪椅上的大肚子拍了至少一百張照片。把這個同時象徵親職與身心障礙的符號記錄下來，對我們兩人都意義重大。這兩者太常被分開想像，彷彿它們是二元對立的——接受照顧者vs照顧者、社會的負擔vs貢獻者、疾病vs生育，可以一一分門別類。

如果我說自己向來都能想像自己當個母親，那是在說謊。我在成長過程中因為一連串救命的癌症治療而癱瘓了身體，那些療程在我一歲至三歲間撕裂了我小小的身軀。即便我持續長大，進入青春期和青年期，也不可否認我的身體已經飽受摧殘。我的身體狀況由許多醫生一起密切監控，但其中沒有任何人有興趣和我談談受孕、懷孕、生產或照顧嬰兒的可能性。「時候到了就會知道。」這句話，我聽了一次又一次。另外一種說法可能是：「船到橋頭自然直。」但要是我好奇我們會走什麼路線到橋頭，該怎麼辦？

三十三歲時，終於有一位專科護理師問我想不想生小孩。我去做一個例行檢查，她為我平常看的醫生代班。我不記得她確切怎麼措辭——「妳想懷孕嗎？」或「妳和伴侶打算生小孩嗎？」但我記得她的問法溫暖又隨意，讓我驚喜。非身心障礙者女性是這樣開啟對話的嗎？從來沒有醫療人員用這麼輕鬆平淡的方式提出這個問題。有人請我考慮這件事帶給我很大的力量。當時我到底想不想生小孩呢？

「我從來不真的知道我能不能生小孩。」我急忙說道，聲音有點喘。

「是嗎？」她自己也有點驚訝說。「我們來找出答案吧。」

她幫我找了該醫院高危險妊娠科的醫生，我們就這樣描繪出通往橋頭的路線，以決定我們想不想通過那座橋。

儘管有幾位醫生贊成我們可以開始嘗試，且從沒有人給我一個不能或不該懷孕的明確理由，當那支小小驗孕棒冒出兩條粉色線，我還是很震驚——有了！我應該滿心歡喜，但我實際上充滿焦慮與懷疑。這代表了什麼？接下來會發生什麼事？我們會平安無事嗎？至少在最初二十五週，每次產檢前，我都確信我會得知失去孩子的消息。每一次上廁所，我都有點預期會見到鮮血。只要感受不到胎動，我就準備好面對悲傷。我身體的缺陷在我心中如此根深柢固，以至於我無法理解它怎麼可能孕育與保護一個人類嬰兒。但它確實做到了——只經歷了一點點的波折。

我和米卡為生產計劃思考選項時，我的醫生幫我聯繫了一位骨盆底治療師。她的工作是為我評估，讓我能基於更具體的資訊做決定。儘管人們普遍假設癱瘓的女性不可能把寶寶推出來到這個世界上，其實很多人辦得到。但我想在做選擇之前盡可能收集最多的資訊。我和這位治療師親自碰面之前先在電話上聊了一下。她問我幾個關於身體功能的問題——妳可以站多久？妳小便的狀況如何？描述一下妳上大號時怎麼用力。這些問題很私密，有的令人尷尬，但我盡量對著這個電話另一頭的陌生人好好回答。

然後，她很唐突地說：「妳不可能辦得到。」

我出於本能忽略她的話對我的打擊，問道：「為什麼？我的醫生從來沒有表示我不能陰道產。」她的答案很簡單，而且似乎根本與我無關。「聽著，我治療過很多癱瘓的病人，也有很多生產過的病人，我就是無法想像妳能夠自然產。」

「好，但妳治療過癱瘓且要生產的女性嗎？」

「沒有，但我治療過很多癱瘓的女性和生產的女性，」她重複，彷彿這麼說對我應該有某種意義。「我想不出來妳要怎麼辦到。」

她的犀利果決讓我歎為觀止。她在這個問題上施展了黑白二分的權威，直接牴觸我的醫生說過的一切、我自己做過的所有研究——然而，在那一刻，當她嚴厲的聲音迴盪在耳邊，我覺得自己假設我辦得到這專屬非身心障礙母親的有力之舉，是很傻的事情。

現在回頭看，我希望當時能夠反擊而非退縮。我希望我當時能問她，她有沒有讀過任何關於癱瘓女性生產的文獻。她知不知道有昏迷中的女性成功陰道產。但她的聲音堅決，讓人無法抵抗；她就是無法想像那些身分可以有所交集。

最後，我確實接受了剖腹產。我非常猶豫不決，但我們一年來已在其他方面歷經波折，我終究決定預先安排好剖腹產會是最佳選項。我希望想成我獨立做出了這個結論、我在決策過程中沒受那位骨盆底治療師的無知影響。但我永遠無法真的知道，這個因素在潛意識中占的分量。

• • •

我們的文化對孕肚與有外顯障礙的身體這兩幅圖像賦予了許多意義。前者是生命富足的縮影，後者則常常被化約為破損不堪。我們似乎極少有機會看到兩者緊密相連。隨著這個寶寶在我癱瘓的體內長大，我們衝破了原本所屬的狹隘類別。我並沒有證明我的身體完整無缺——我的身體確實嚴重受損——但生命富足與破損不堪交織在一起了。當我張開手在肚子上移動，在寶寶出生前一晚感受他充滿活力的踢腿與翻滾，我驚歎於我們固執堅定的抵抗行動。

• • •

奧托出生後，我期望我們可以像他活在我肚裡時那麼輕鬆地對抗外界狹隘的期待，儘管我確實相信我們的存在本身就是大膽的顛覆，但我不確定我能不能也描述得如此輕鬆。

他終於誕生之後，那看似知曉一切的目光、緊繃的怒容、不停歇的高聲尖叫震驚了我們。我既迷戀他又怕他。引爆他的情緒很容易，讓他冷靜下來卻很困難。我期待可以憑直覺自然而然進入母親的角色。在某些方面我猜我做到了。我們兩個漂亮地駕馭了親餵，我的男寶在吃方面毫不費力。但我因為無法像他那可以站立、彈跳、踱步的爸爸一樣安撫他而受到一次次的打擊。我花了數月試圖讓他接受包巾。有至少整整一個星期，他只要在我腿上就鬼哭神嚎。我希望自己是個活生生的證明，證明身心障礙女性也能當母親——看吧，我們辦到了。但我深深感覺自己無法勝任。一天晚上，我和米卡為奧托洗澡，我後退一步，看著他們父子在一起，心想——我不在這裡，他們會過得更好。

• • •

慢慢地，噢，真的非常慢，隨著日子一天天、一週週過去，我和奧托了解了彼此。我學會解讀他需要小睡的跡象，他學到我輪椅的觸感與節奏；我載著他繞圈安撫時，他開始用手指輕觸輪子上的紋路。最後，隨著時間過去，加上我能稍微多睡一點了，我就像聽到熟悉的樂音般，開始從育兒經驗中辨認出一些熟悉的元素。在這份體會中，我發現一件不和諧的事：為人父母和做為身心障礙者感覺極為相像。多麼違反直覺。我一直接收的訊息是親職與身心障礙是顯著不同的兩種經驗，儘管懷孕讓我有機會把玩這兩種意象，但實際育兒的行動卻感覺熟悉得驚人，與身心障礙的體驗相呼應。原來我因為身體障礙所受的鍛鍊，正好有助於我成為奧托的母親。隨著時間流逝，育兒愈來愈像聆聽一首我從小記得的歌曲的翻唱版本。

• • •

我的身體和我的寶寶都難以預測，輪流搞砸我們的計畫。當我們富有彈性、想像力又善於隨機應變時，他們才能茁壯成長。他們需要耐心、耐力、專注、關懷——在我們互相依賴時蓬勃發展。他們啟發創新，啟發我們用新的方式在一起，為我們家滋養出溫柔而堅定的親密關係；他們都令人迷惑、神奇又需要我們投注心力。

身心障礙和育兒都為我們訂計畫（與打破計畫）的方式、我們可以造訪的地點（更常是我們無法造訪的地點）、面對一天即將開始的感受（尤其在一個無眠夜晚過後）設下許多限制。人已經耗竭仍繼續空轉、為了一場小睡取消計畫、在出門前做額外功課——這一切本來就是我生活的一部分。

和身心障礙一樣，為人父母讓我得以馬上打入一個小圈子，迅速和別人建立深刻的交情。我還記得一天早上我打電話到醫生的辦公室，電話另一頭的人聽到奧托在鬧脾氣。我預期她會覺得厭煩，但她問：「噢，他多大？是不是在長牙？哦，我知道那種感覺。」我只有和其他身心障礙者在一起時體會過這種團結感——因為遇到能夠理解（真正理解）的人，而馬上鬆一口氣。

為了因應奧托不斷演進的行動力，我和米卡持續對我們的房子和車子進行改造，這時候，我們善用已被鍛鍊得十分靈活的大腦——因為我們常常發揮創意來為我創造出無障礙空間。我們知道找到對的工具有多重要、需要多少耐性。我們試過許多搖籃，發揮創意動手改造嬰兒床，花好幾天研究高腳餐椅、安撫椅、學步台，嘗試至少四種不同的包巾，我們明白這些需要時間，但完全值得。

身心障礙為我做好萬全準備，當那一刻不可避免地來臨——凌晨兩點，我愈來愈覺得我的寶寶將永遠哭個不停——我將永遠困在這一刻，永遠無法出去跟朋友喝一杯。我經歷過許多背痛和腿痛到極點的時刻（我對身體這樣吸引我的關注失去了耐性）感覺好像會永遠痛下去。但我的身體教會我，沒有什麼會持續到永遠。就算實際情況沒有改變，心態上的些許調整就能改變整個故事的調性。奧托常把我帶到那樣的時刻，現在，當那種熟悉的感覺又冒出頭，我知道要說：「哈囉，老友，我一直在等你。」我有障礙的身體和成長中的寶寶提醒我，這一切都不會持續到永遠——不管好的或壞的、艱難的夜晚或最棒的早晨。

比起其他方面，身心障礙為我準備得最好的是親職中正反兩面並存的經驗。相較於其他任何人生經驗，身心障礙與親職都為我的生命帶來更多的深度、痛苦、喜悅、失落、連結、挫敗、歡笑。兩者都讓我心痛，又讓我充滿驕傲。讓我在一些日子裡想放棄該死的一切，也有些日子一切風調雨順。失落感不會抵銷感恩，挫敗感也不會減損喜悅。

我處在身心障礙與親職的交會處，一次又一次體會到兩者的相似之處，多麼有趣。因為身心障礙與育兒不僅常被想像為無法並存的兩種經驗，而且親職通常被描述成只賺不賠，身心障礙則被說成徹底的損失。儘管兩種經驗都複雜又包羅萬象，但假如可以把它們角色對調是不是會很有趣呢？你可以想像大家對新手父母表現出強烈的心碎、慰問、憐憫嗎？或者，假如我們的文化能夠認可身心障礙的潛在價值？你能不能想像，假如我們對為人父母和身心障礙的反應都是大聲說：「這可能有各種豐富的意義！你今天感覺如何？」你能想像大家視身心障礙者為稱職成功的父母嗎？

這些經驗無法一一類比，也不可互換。做為身心障礙者的經驗不會讓你自動理解育兒，反之亦然。顯然不是這樣。但我認為如果我們開放圍繞著兩者的敘事，所有人都會從中獲益。親職可以與悲傷失落有所關聯。身心障礙者的經驗可以包含喜樂豐碩。而且，天殺的——身心障礙父母確實存在。我們可以兼具這兩種身分。我們將一直兼具這兩種身分。

蕾貝卡・陶席格擁有非虛構創意寫作與身心障礙研究博士，是堪薩斯城的作家、教育者、顧問。她書寫身心障礙者的細微經驗，發表在她的Instagram：@sitting_pretty、著作《漂亮地坐著：從平凡堅韌的殘障身體看到的風景》、《時代》雜誌上。

維多利亞身心障礙諮詢委員會 Victorian Disability Advisory Council
維多利亞總督文學獎 Victorian Premier's Literary Awards
衛生及公共服務部 Department of Health and Human Services
澳洲人權委員會 Australian Human Rights Commission
澳洲廣播公司每日版 ABC Everyday
澳洲藝術無障礙全國傑出領袖獎 Arts Access Australia National Leadership Award
獨立家庭倡議服務 Independent Family Advocacy Service
聾人服務機構 Deaf Services

其他

布倫瑞克浴場 Brunswick Baths
芒盧金 Munchkins
委拉祖利族 Wiradjuri
迷你我 Mini-Me
奧柏倫柏人 Oompa Loompas
歐茲馬戲團 Circus Oz

書籍報章影視作品

《二〇一七年澳洲散文選》*The Best Australian Essays 2017*
《大誌》*The Big Issue*
《午後》*Afternoons*
《月刊》*The Monthly*
《王牌大賤諜》*Austin Powers*
《平等的ABC》*An ABC of Equality*
《你別過問》*You Can't Ask That*
《身心障礙者澳洲成長記事》*Growing Up Disabled in Australia*
《怪醫豪斯》*House*
《空間誌》*Spaced Zine*
《時代》*Time*
《從受害者到嫌疑犯：九一一事件後的穆斯林女性》*From Victims to Suspects: Muslim women since 9/11*
《無形：慢性病的祕密生命》*Unseen: The Secret Life of Chronic Illness*
《媽媽咪呀》*Mamamia*
《鼓》*The Drum*
《漂亮地坐著：從平凡堅韌的殘障身體看到的風景》*Sitting Pretty: The View from My Ordinary Resilient Disabled Body*
《酷兒身心障礙人類學》*Queer Disability Anthology*
《酷兒的澳洲成長記事》*Growing up Queer in Australia*
《酷兒故事：關於好好活著的思考——來自澳洲最佳的LGBTIQA+作家》*QueerStories: Reflections on Lives Well Lived from Some of Australia's Finest LGBTIQA+ Writers*
《横越》*Overland*
《親屬：十二個酷兒#LoveOzYA故事》*Kindred: 12 Queer #LoveOzYA Stories*
《療癒派對》*The Healing Party*

組織機構與獎項

正向力量家長 Positive Powerful Parents
杜比文學獎 Dobbie Literary Award
沃斯文學獎 Voss Prize
昆士蘭身心障礙者技術援助 Technical Aid for the Disabled Queensland, TADQ
昆士蘭藝術無障礙獎 Queensland Arts Access award
表達澳洲組織 Expression Australia
原住民抵抗戰士 Warriors of the Aboriginal Resistance
家暴倖存者諮詢委員會 Victim Survivors' Advisory Council
特別廣播服務公司 SBS
特殊廣播服務線上版 SBS Online
等候室藝術公司 The Waiting Room Arts Company
照顧者聯盟 the National Disability and Carer Alliance
維多利亞州身心障礙女性協會 Women with Disabilities Victoria

納斯・坎潘內拉 Nas Campanella
茱莉亞・吉拉德 Julia Gillard
曼迪・麥奎肯 Mandy McCracken
梅爾 Mel
荷莉・蘭森 Holly Ransom
莉亞・范・波佩爾 Leah Van Poppel
莉娃 Rivah
莎拉・伊莉莎白 Sarah Elizabeth
莎曼珊 Samantha
莫琳 Maureen
雪琳 Sherene
麥斯 Max
傑伊 Jay
傑克 Jack
傑克琳・林區 Jaclyn Lynch
傑瑞米・霍普金斯 Jeremy Hopkins
凱特 Cat
喬 Jo
惠茲 Whizzy
菈法・辛格爾頓—諾頓 Lefa Singleton-Norton
萊利 Riley
奧托 Otto
溫・勞森 Wenn Lawson
瑞秋 Rachel
賈克斯・傑基・布朗 Jax Jacki Brown
賈斯柏・皮許 Jasper Peach
達西 D'arcy
雷內・巴克—穆赫蘭 Renay Barker-Mulholland
嘉莉・費雪 Carrie Fisher
維吉尼亞・崔歐利 Virginia Trioli
翠西 Tracey
蓋瑞・林區 Garry Lynch
蓓瑞娜 Breeana
潔米拉・里茲維 Jamila Rizvi
潔西卡・史密斯 Jessica Smith
潔辛塔・帕森斯 Jacinta Parsons
蕾貝卡・G・陶席格 Rebekah G. Taussig
黛博拉・基納漢 Debra Keenahan
羅伯 Rob
羅德 Rod
關朵琳 Gwendoline
麗茲 Lizzie
麗莎・考克斯 Lisa Cox

地名

北岸 North Shore
卡士穆 Khartoum
克萊頓 Clayton
阿米代爾 Armidale
科堡 Coburg
格拉斯哥 Glasgow
格林斯伯勒 Greensborough
特拉拉岡 Traralgon
梅里溪 Merri Creek
堪薩斯城 Kansas City
費茲洛依區 Fitzroy
陽光海岸 Sunshine Coast
楷模鎮 Kilmore

名詞對照

人名

大衛・艾登堡 David Attenborough
山姆・德拉蒙德 Sam Drummond
比莉 Billi
卡莉・芬德利 Carly Findlay
卡蘿・泰勒 Carol Taylor
史黛拉・楊 Stella Young
布倫特・菲利普斯 Brent Phillips
布萊恩・愛德華茲 Brian Edwards
布瑞皮—戴蓋提 Biripi-Daingatti
伊索貝爾 Isobel
伊萊 Eli
吉米・巴恩斯 Jimmy Barnes
安 Anne
安德魯・博爾特 Andrew Bolt
米卡 Micah
米其林・李 Micheline Lee
艾佛里 Avery
艾莉・梅・巴恩斯 Elly May Barnes
克里斯蒂・福布斯 Kristy Forbes
克萊爾・博迪奇 Clare Bowditch
希瑟・史密斯 Heather Smith
李 Lee
狄倫 Dylan
罕醉克斯 Hendrix
貝琪 Becky
里昂 Leon
里爾・K・布里奇福德 Liel K. Bridgford
奈特 Nate
妮可・李 Nicole Lee
妮恩寇克 ・切爾 Neangok Chair
東尼・艾伯特 Tony Abbott
阿奇 Archie
阿戴雅 Adalya
阿薩夫 Asaf
哈米德 Hamid
哈萊 Harlei
威爾 Will
柯達 Kodah
派特 Pat
約翰・霍華 John Howard
迪倫・艾爾科特 Dylan Alcott
夏奇拉・胡賽因 Shakira Hussein
格雷姆・因內斯 Graeme Innes
泰勒 Taylor
泰絲 Tess
海蒂 Heidi
海麗葉・麥布萊・強森 Harriet McBryde Johnson
班・范・波佩爾 Ben Van Poppel
納特・巴奇 Nat Bartsch

無障礙父母！

25個身心障礙父母的育兒故事

無障礙父母！25個身心障礙父母的育兒故事／
伊麗莎・赫爾（Eliza Hull）著；吳芠譯.
－初版.－臺北市：麥田出版：
英屬蓋曼群島商家庭傳媒股份有限公司
城邦分公司發行，2023.06
譯自：We've got this :
stories by disabled parents.
ISBN 978-626-310-451-8（平裝）
1.CST: 身心障礙　2.CST: 父母
3.CST: 育兒　4.CST: 通俗作品
428　　112005310

封面設計　兒日設計
印　　刷　前進彩藝有限公司
初版一刷　2023年6月

定　　價　新台幣380元
I S B N　978-626-310-451-8

作　　者　伊麗莎・赫爾（Eliza Hull）
譯　　者　吳　芠
責任編輯　翁仲琪
國際版權　吳玲緯
行　　銷　闕志勳　吳宇軒
業　　務　李再星　陳美燕　李振東
副總編輯　何維民
編輯總監　劉麗真
總 經 理　陳逸瑛
發 行 人　涂玉雲

出　　版

麥田出版
台北市中山區104民生東路二段141號5樓
電話：(02) 2-2500-7696　傳真：(02) 2500-1966
麥田網址：https://www.facebook.com/RyeField.Cite/

發　　行

英屬蓋曼群島商家庭傳媒股份有限公司城邦分公司
地址：10483台北市民生東路二段141號11樓
網址：http://www.cite.com.tw
客服專線：(02)2500-7718; 2500-7719
24小時傳真專線：(02)2500-1990; 2500-1991
服務時間：週一至週五09:30-12:00; 13:30-17:00
劃撥帳號：19863813　戶名：書虫股份有限公司
讀者服務信箱：service@readingclub.com.tw
麥田網址：https://www.facebook.com/RyeField.Cite

香港發行所

城邦（香港）出版集團有限公司
地址：香港灣仔駱克道193號東超商業中心1樓
電話：+852-2508-6231　傳真：+852-2578-9337
電郵：hkcite@biznetvigator.com

馬新發行所

城邦（馬新）出版集團【Cite(M) Sdn. Bhd. (458372U)】
地址：41, Jalan Radin Anum, Bandar Baru Sri Petaling,
57000 Kuala Lumpur, Malaysia.
電話：+603-9057-8822　傳真：+603-9057-6622
電郵：cite@cite.com.my